JN422661

젊은 건축가 배상범의

건축에 묻고 건축에 말하다

젊은 건축가 배상범의

건축에 묻고, 건축에 말하다

초판 1쇄 인쇄 2010년 8월 20일
초판 1쇄 발행 2010년 8월 25일

저자 배상범
감수 이기완
펴낸이 김호석
펴낸곳 도서출판 대가
등록 제 311-47호
편집 · 디자인 F205

주소 서울시 마포구 상수동 6-1 대한실업빌딩
전화 (02) 305-0210/306-0210
팩스 (02) 305-0224
전자우편 dga1023@hanmail.net
홈페이지 www.bookdaega.com

ISBN 978-89-6285-043-7 03610
정가 15,000원

■ 저자와의 협의 하에 인지는 생략합니다.
■ 이 책의 무단 전재와 불법 복제를 금합니다.
■ 파손 및 잘못 만들어진 책은 교환해 드립니다.

젊은 건축가 배상범의

건축에 묻고 건축에 말하다

배상범 지음

ㄷㄴㄱㄱ

• 추천의 글 I

꿈과 열정을 실천해가는 모습과 도전하는 젊음이 부럽고 좋다

이기완 | (주)에코존종합건축사사무소 대표이사, 건축가

건축에 대한 작은 열정들은 시간의 흐름 속에 모이고, 성장한 새는 둥지를 박차고 세상 밖으로 몸을 던져 날개를 펴고 날아간다. 이제 한 젊은 건축가가 그동안 건축 프로젝트에 던져온 열정의 과정을 한 권의 책으로 내놓으려 한다.

건축계에도 수많은 책들이 끊임없이 쏟아져 나오지만, 아무나 책을 낼 수 있는 것은 아닌 것 같다. 이 바닥에서 상당한 지식과 경륜이 없으면, 섣불리 글을 쓰거나 말을 하거나 하면 자칫 비난받을 수도 있다는 두려움을 이겨내야 하는 용기가 필요하기 때문이다.

이 책의 저자가 학교라는 온실 밖으로 나와 사회에 첫발을 내디딘 후 굵직한 프로젝트를 진행하고 있는 지금까지 쭉 지켜봐왔던 선배로서 책을 쓰겠다는 후배의 말에 격려 반, 우려 반의 마음이 든 것도 그 때문이리라. 건축 세상에서 아직은 길지 않은 경력으로 과감하게 세상을 향해 던지는 그 몸짓이 혹시 고통을 주는 일이 되는 것은 아닐까 하는 걱정, 한편으로는 모든 두려움을 이겨내고 과감하게 실행에 옮겨 한 권의 책을 완성한 그 용기에 격려의 박수를 보낸다. 책이란 자기 경험을 문자로 발효시키는 일이며, 생각과 기획을 해본다는 데 그 의미가 있기 때문이다.

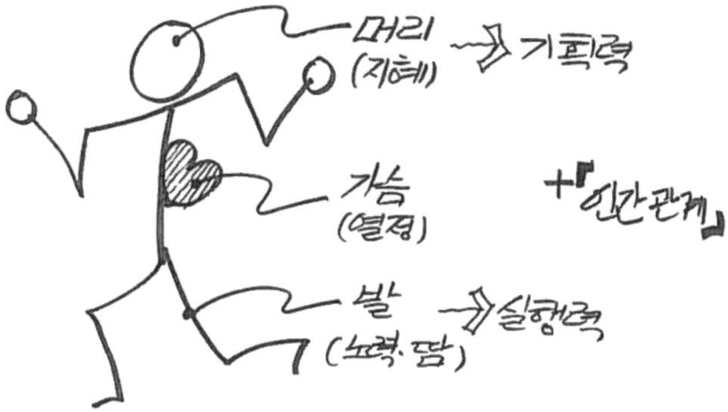

배상범! 꿈과 열정을 실천해가는 모습과 도전하는 젊음이 부럽고 좋다. 그에게(그리고 직원과 학생들에게) 항상 이야기한다. 기획(건축&인생)이란 '일을 사랑하는 열정과 마음' 이라고……

늘 창의적인 것을 만들고 끝없이 경쟁해야 하는 건축이라는 작업은 현실을 극복하고 창조의 고통이 따르는 힘든 일들을 이겨내는 과정이다. 바꾸어 생각하면, 그것을 이겨냈을 때에는 그 이상의 성취감과 가치를 얻을 수 있는 작업이기도 하다.
그는 기획력과 실행력을 갖춘, 기본에 충실한 젊은 건축가이다. 그리고 그것을 충분히 즐길 줄 안다.
이 책이 건축설계라는 일을 시작하려는 학생, 실무에서 밤을 지새우는 신입사원, 꿈을 잃지 않고 있는 선·후배들에게 건축사사무소라는 현장에서 다양한 프로젝트를 통해 일어나는 디자인 과정의 작은 길잡이이자 공감하는 자극제가 되길 기대한다.

• 추천의 글 II

우리는 열정을 공유했고 함께 꿈을 꾸었다

장용호 | 디엔에이 도시건축 상무, 인하대학교 겸임교수, 〈건축설계탐사〉 저자

젊은 건축가 배상범은 바보라 불리던 에디슨처럼, 또 권투에 재능이 없다고 포기하란 소리를 들었던 무하마드 알리처럼 학창시절 교수님과 여러 사람들로부터 건축디자인에 소질도 미래도 없다는 소리를 들었다고 한다. 하지만 그는 자신이 무엇을 하고 싶은가만 중요했다. 매일의 스케치 연습과 하루 10시간이고 20시간이고 프로젝트에 집중하는 열정으로, 이제는 모든 것을 극복하고 프로젝트의 메인 디자이너로 성장했다.
젊은 건축가 배상범은 누구나 할 수 있는 건축설계를 아무나 할 수 없는 방법으로 해나가고 있다. 하고 싶은 그것을 열정으로 부딪치며 인디언 기우제(비올 때까지 한 달이고 일 년이고 제사를 지내는 성공률 100%의 기우제)처럼, 될 때까지 도전을 멈추지 않는다.

나는 건축설계와 함께 한 나의 삶에서 이 친구와 함께 한 젊은 시간을 행운이라 생각한다. 누구나 설계사무실에 다닐 수는 있지만 아무나 열정을 공유할 수는 없기 때문이다. 우리는 열정을 공유했고 함께 꿈을 꾸었다. 그 시절 우리가 입에 달고 살았던 말처럼 "한 사람의 꿈은 꿈이지만 만인의 꿈은 현실이다." 비록 많은 시행착오와 실패들이 있었지만 우리의 꿈은 끝나지 않았고 지금도 앞으로도 진행될 것이다.

이 책을 읽는 모든 사람들(특히 건축설계를 시작했거나 하고 있는 사람들)은 어떠한 상황이라도 꿈을 포기하지 말고 열정으로 극복하기를, 또 그 꿈을 함께 꾸며 공유할 수 있는 누군가를 만나 현실로 만들기를 바란다. 꿈과 열정을 공유할 누군가를 찾는 것은 쉽지 않은 일이므로 자신이 꿈과 열정을 가진 사람이 되는 것이 가장 빠른 방법일 것이다.

마지막으로 이제 본격적으로 시작될 젊은 건축가 배상범의 건축의 길을 응원하며, 또 이 책을 공감하며 꿈과 열정의 조각을 줍게 될 누군가도 함께 응원한다.

• 추천의 글 III

건축에 관심이 있는 일반인들에게 권하고 싶다

박성호 | 법조인(판사)

우리 주변에 속속 새로운 건축물이 들어서는 것을 볼 때면 한번쯤 누가 이 건축물을 설계하고 왜 이렇게 디자인하였을까를 생각하곤 한다. 이 책은 이러한 우리의 궁금증을 실무 현장에서 수많은 밤을 새어가며 건축물의 설계를 담당하였던 작가의 관점에서 구체적으로 풀어주고 있다.

대한민국을 '아파트 공화국'이라고 폄하하는 언론 보도를 종종 접하곤 한다. 그럴 때면 왜 우리 주변에는 몇 백 년이 지난 후세에도 훌륭하다고 평가될 만한 건축물이 없을까, 왜 천편일률적인 모습을 한 채 흉물스럽게 서 있는 건축물이 많을까 하는 아쉬움을 가지곤 한다. 그런데 이 책을 읽고 나면 우리 주변에 세워지는 건축물에 깃든 젊은 건축가들의 고뇌와 성찰을 느낄 수 있다.

작가와 같이 고뇌하는 건축가, 사람과 자연을 함께 생각하는 설계사들이 늘어간다면 멀지 않아 우리 주변에도 딱딱한 상자 같은 건축물보다는 시민들의 몸과 마음을 모두 행복하게 해주는 걸작 건축물은 많아질 거란 기대를 갖게 된다. 건축에 대한 공부를 시작하는 사람들뿐만 아니라 건축에 관심이 있는 일반인들 모두에게 일독을 권하고 싶다.

• 추천의 글 IV

건축 설계를 시작하는 후배들의 시행착오를 줄여줄 수 있는 안내서가 될 것이다

장 한 | 대우건설 주택사업본부

건축과에 입학하여 '설계'에 입문하던 때를 돌이켜 생각해보면 너무도 막연했다. 설계에 임하며 궁금증에 대한 조언을 구할 곳은 먼저 경험했던 선배나 가까이 가기 힘든 교수님 그리고 화려한 이미지로 꾸며진 도서 정도였다. 하지만 설계는 언제나 막연했고 궁금한 것투성이였다. 물론 실무를 경험하면서 이러한 궁금증의 대부분 해결이 되었지만 이는 무수한 시행착오를 겪고 난 후였다.

본 도서는 건축을 처음 시작하는 학생부터 졸업을 준비하고 있는 학생 그리고 사회 초년생까지 건축 설계를 시작하는 후배들의 시행착오를 줄여줄 수 있는 안내서가 될 수 있도록 저자가 사회생활을 처음 시작하며 중견의 역할을 할 수 있기까지 겪었던 6년간의 시행착오들을 노력과 열정의 과정으로 생생히 담았다.

수십 건의 프로젝트 진행과정을 이미지와 이야기로 풀어낸 책으로 딱딱한 전공도서의 학술적 내용이나 화려한 이미지가 담긴 화집은 아니지만 분명히 후배 건축학도에게 도움이 될 것을 확신하며 이 책을 읽는 모든 이들의 건승을 바란다.

contents

prologue

지난 기억들을 다시 꺼내다.

대학에서 건축설계를 전공하고 설계사무실에서 실무를 익히면서 건축가로서의 능력을 쌓아오는 동안 정신없이 일에 묻혀 뒤돌아 볼 시간조차 갖지 못했다. 야근과 철야를 밥 먹듯이 하면서도 할 줄 아는 일만 되풀이하고 있는 것은 아닌가 하는 고민이 계속되었다. 점점 분업화되고 있는 건축설계의 현실 때문이기도 하겠지만 이러한 현실 앞에서 새로운 경험을 쌓아가면서 스스로를 성장시켜야겠다는 생각이 든다. 그래서 전문지식을 쌓는 것조차 버겁던 시기의 고민들을 차분히 되짚어 보고자 한다.

연필로 선을 긋는 것에서 시작한 건축이 이제는 삶의 커다란 비중을 차지하게 되었고, 그 시간 동안 열악한 건축설계의 환경 속에서 우직하게 시간을 보내왔다. 그러한 시간들을 통해서 좋은 환경에서 건축을 하는 것은 어렵다는 것과 좋은 선배를 만나 반듯한 전문지식을 전수받는 것 또한 쉽지 않다는 것을 깨닫게 되었다. 이는 비단 건축분야에만 국한된 것은 아니지만 말이다.

필자는 유명한 건축가도, 성공한 직장인도 아니며, 다만 대학에서 건축을 전공하고 설계를 업으로 삼은 수많은 건축인 중 한 명에 불과하다. 때문에 책을 통해 말하려는 것도 심오한 건축 지식에 대한 이야기가 아니라 건축설계를 하는 동안 느끼고 고민했던 것들에 대한 진솔한 생각들이다. 설계사무소에서 실무를 통해 경험했던 23가지 프로젝트에 대하여 각기 다른 시기, 다른 입장에서 고민했던 내용들을 진솔하게 기록했다.

설계사무실 차원에서 쓰인 책들이나 그림과 도면, 사진으로 채워진 건축가의 작품집들은 많다. 하지만 완벽해 보이는 프로젝트보다는 조금 불완전해 보일지라도 내가 수행한 프로젝트를 진행하는 과정에서의 고민들을 표현하고 싶었다. 부족한 스스로를 들춰내며 책을 쓴다는 것은 쉽지 않은 일이었다. 하지만, 내가 가지고 있는 생각을 다른 이와 함께 공유한다는 마음과 단 한 사람이라도 이 내용에 공감하고 도움을 얻을 수 있다면 좋겠다는 생각으로 책을 쓰게 되었다.

책의 내용은 설계사무소에 입사하고 난 뒤 참여한 프로젝트를 중심으로 진행된다.
그동안 수행했던 프로젝트를 사회기반시설 infra structure, 경쟁설계 competition, 마스터플랜 masterplan, 공동주택 apartment, 개발사업 development work의 다섯 가지로 나누고, 그중 경쟁설계는 두 개의 장으로 구성하였다. 총 여섯 개의 장으로 나누어진 프로젝트는 건축 실무를 처음 접하고 일을 배워가는 과정에서 필자가 담당한 업무 중심으로 정리하였다.

책을 통해 지난 기억들을 다시 돌아본다는 것은 그것에 대해 정리하거나 상세히 설명한다는 것만을 의미하지는 않는다. 지난 시기의 고민들을 차분히 되짚어 보고 무엇이 어긋났던 것인지 살펴볼 뿐이다. 그때 그 기억들을 한곳으로 모으는 이 작업이 이제 막 설계를 시작하는 학생이나 초보 건축가들에게 도움이 되었으면 하는 소박한 바람으로 글을 시작한다.

part 1

건축과 마주치다

성남시 중동지하주차장

지하철 9호선

잠실역 지하상가

광양항 서측인입철도 건설공사

학교에 돈을 내고 건축을 배우던 과정을 마치고,
설계사무소에 입사하여 선배들과 작업하면서
건축물을 설계하는 과정으로서 복사, 서류발송,
모형만들기, 도면 및 보고서 작성 등의 작업에
참여하면서 설계의 부분적인 업무를 경험하고
불가피하게 잔심부름도 담당하던 시기였다.

성남시 중동지하주차장

발주처 | 성남시
client | 대우엔지니어링
설계년도 | 2004.10~12

입사 첫 해에 무엇을 했을까? 가장 기억에 남을 것 같은데도 기억이 가물가물하다. 첫 해 가장 기억에 남는 프로젝트는 한 달동안 200시간이 넘는 야근을 하면서 진행되었던 지하주차장 턴키프로젝트이다. 지상주차장으로 활용되던 곳을 지하 5층 규모의 주차장으로 개발하게 되었는데, 기존 수목의 활용과 상·하부 주거지의 연계를 전제로 계획이 시작되었다. 기존 녹지로 조성되었던 경사지가 건축물의 입면이 되는 반면, 지상부는 녹지로 조성하여 주민들의 커뮤니티 공간으로 활용한다는 것이 우리 팀의 친환경적 설계 접근방법이었다. 이 과정에서 입면의 재료는 물론 시각적으로 느껴지는 건축물에 대한 부담감을 해결하기 위한 방안이 필요했다.

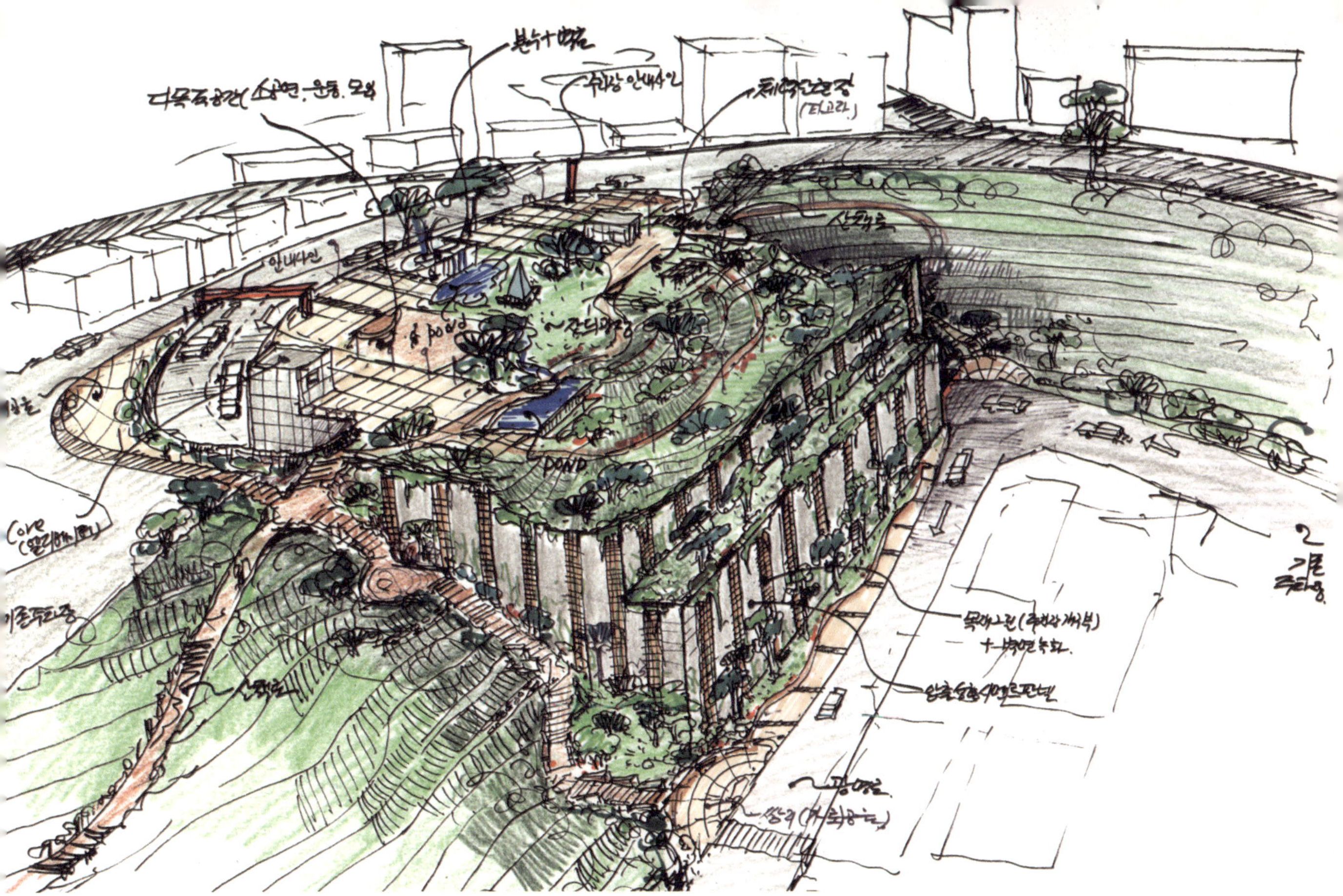

초기 계획개념 | 기존 주차장이었던 상부를 녹지로 조성하고, 하부 주거지를 향하는 입면은 목재루버를 활용함으로써 소음과 불빛은 차단하면서 커뮤니티를 연결, 이용에 불편함이 없도록 계획되었다. 이 스케치는 이기완 대표의 초기 구상안이며, 이를 바탕으로 구체적인 아이디어를 반영하여 계획안을 발전시켰다.

성남시는 심각한 주차난 해소를 위해 2002년 10월 공영주차장 조성계획을 수립하고, 기존 지상주차장으로 이용되던 공간을 지하 5개층 규모의 지하주차장으로 기본계획을 수립한 뒤 턴키방식으로 발주하게 된다.

설계는 도시적 측면urban, 환경생태적 측면environmental ecology, 건축공학적 측면architecture engineering의 세 가지 분류 체계의 계획요소를 적용하여 진행하였다. 우리가 일반적으로 알고 있는 생태조경, 친환경적 절성토, 우수 재활용, 저유지관리, 차양설계, 신재생에너지태양열/지열/풍력/열병합, 파사드 통합설계, 이중외피, 친환경자재 사용 등은 위의 세 가지 범주 내에 포함된다.

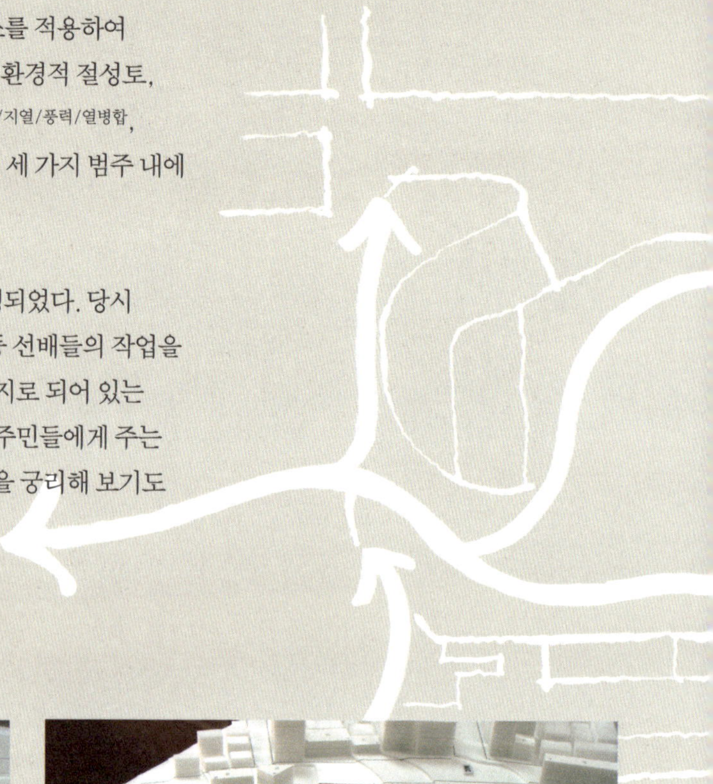

우선 진입동선과 내부동선을 고려한 매스스터디가 진행되었다. 당시 실무 1년차였던 필자는 매스스터디, 다이어그램 표현 등 선배들의 작업을 정리하면서 진행되는 과정을 함께 고민하였다. 기존 녹지로 되어 있는 경사지를 건물의 입면이 대신하게 되는데, 하부주거지 주민들에게 주는 시각적 부담감을 어떻게 해결해야 할지에 대해 그 해답을 궁리해 보기도 하였다.

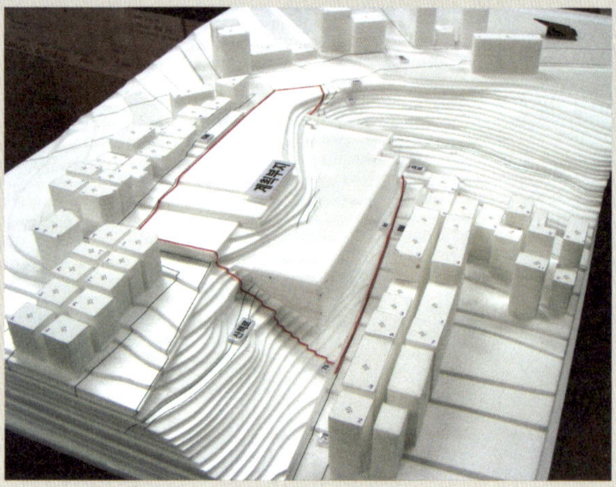

매스계획안1 | 주거지를 향한 시각적 거부감을 줄이기 위한 매스분절을 시도하였으나, 주차대수가 다소 줄어든다.

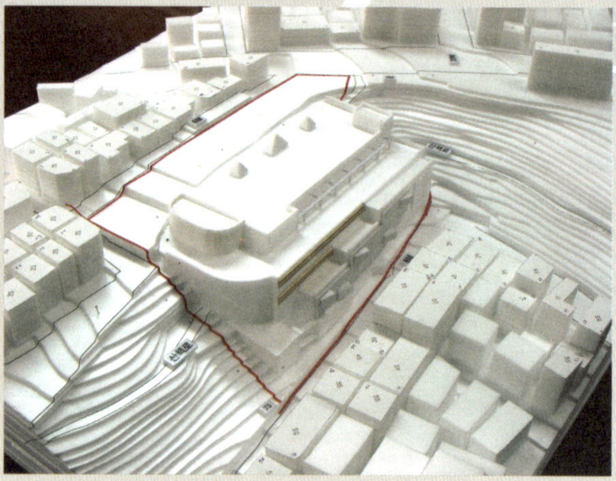

매스계획안2 | 가장 많은 주차공간 확보를 위한 기능에 충실한 매스계획안이나, 하부주거지에서의 시각적 부담감이 예상된다.

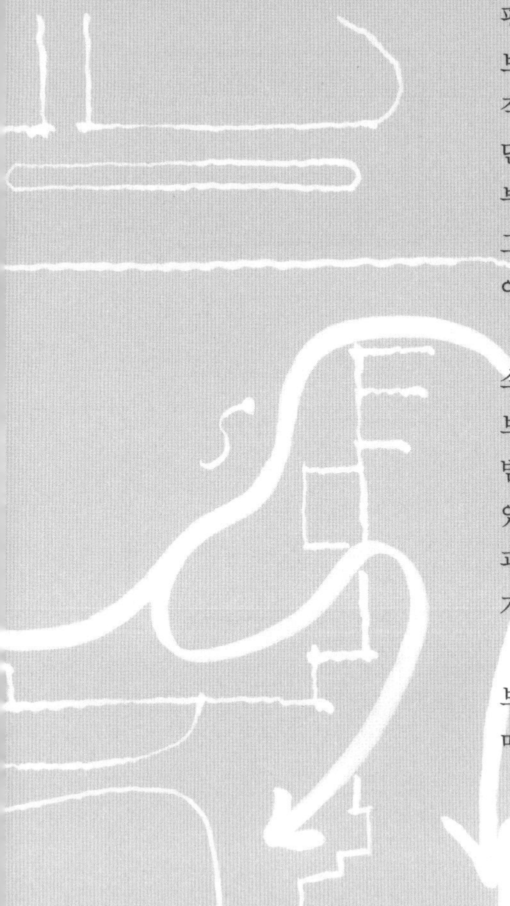

평면은 주차방식에 따른 총 9개의 계획안이 검토되었다. 이때 필자는 보고서에 넣을 삽도 작업의 일환으로 스케치된 계획안들을 도면화하는 작업을 했었는데, 각각의 평면안에 대해 미처 깊은 생각도 없이 그저 단순하게 스케치를 도면으로 옮기는 작업에만 몰두했던 것 같다. 지금은 부끄럽기 그지없지만 그 당시에는 바쁘다는 핑계로 소홀히 했었다. 그때의 경험을 돌이켜 보면서 이제는 맡은 업무 외에도 팀원들의 작업까지 이해하며 많은 생각과 고민을 할 수 있게 되었으니 전화위복이 된 셈이다.

소장부터 바로 윗선배까지 많은 이들이 평면을 계획하면서 진지하게 브레인스토밍을 하는 과정은 정말 재미있었고 그렇기 때문인지 계속되는 밤샘에도 불구하고 힘들다는 생각을 할 겨를도 없이 프로젝트에 몰두할 수 있었다. 필자는 일을 하고 난 후 결과가 주는 성취감도 중요하지만 일을 하는 과정에서 느끼는 재미가 더욱 중요하다고 생각한다. 그래서 아직도 가끔씩 거울을 보면서 "네가 하고 있는 건축설계가 재미있니?"라고 묻곤 한다.

브레인스토밍을 통해 진입방식 및 동선 등의 평면계획을 보완한 결과, 매스계획에 있어 디자인 전략이 크게 두 가지로 압축되었다.

첫째, 주차대수 540여대 규모의 지하 5층 주차장이 들어서게 됨으로써 기존의 녹지경사면이 훼손될 것이므로 지상부를 녹지화하며, 하부주거지에서의 녹지훼손에 따른 입면의 시각적 부담감을 줄인다.

둘째, 하부주거지-상부주거지 간의 연결을 위해 산책로를 계획하여, 주차장이 하나의 결절점 역할을 하도록 한다.

저층부 가로에서 바라볼 때 주차장이 인접주거지에 어떤 모습으로 비춰질까 걱정되기도 하고, 기존 수목이 있던 녹지경사면을 대체하는 건물이 거대하게 느껴지기도 했다. 그래서 상부주거지에서부터 주차장상부 - 주차장입면을 통해 저층주거지까지의 레벨을 자연스럽게 조절하여 시각적

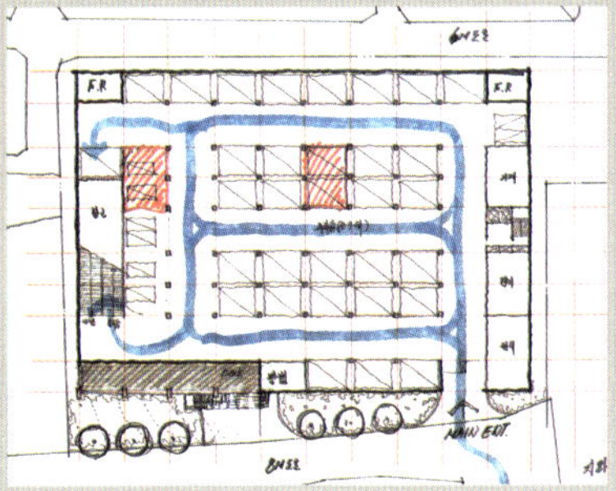

평면계획안1

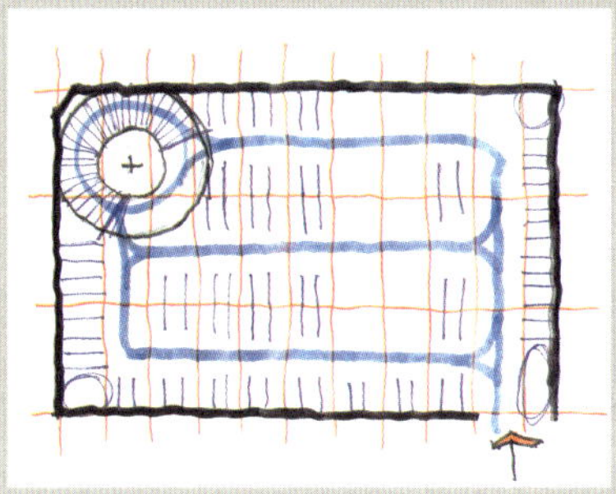

평면계획안2

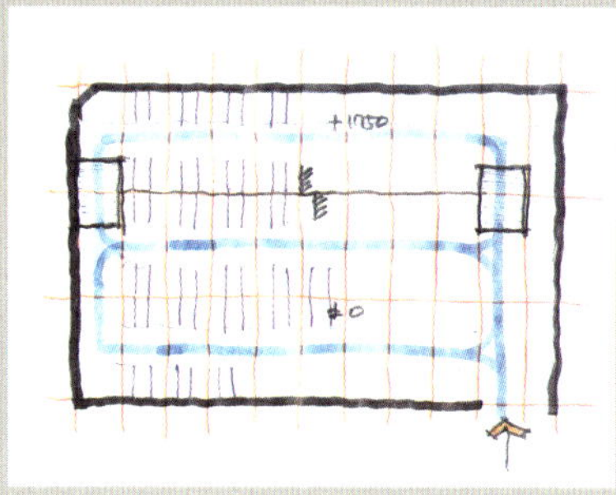

평면계획안3

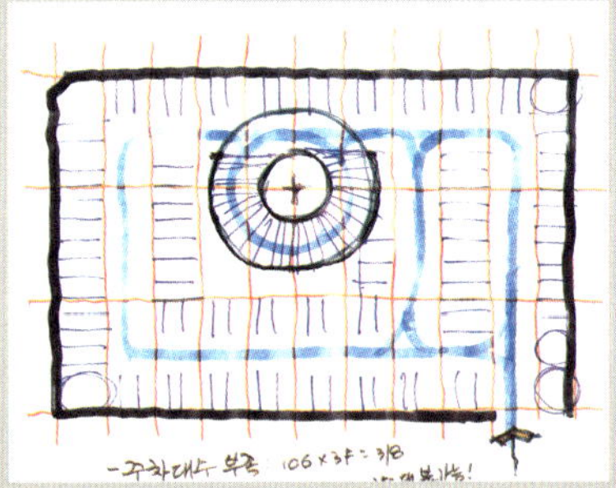

평면계획안4

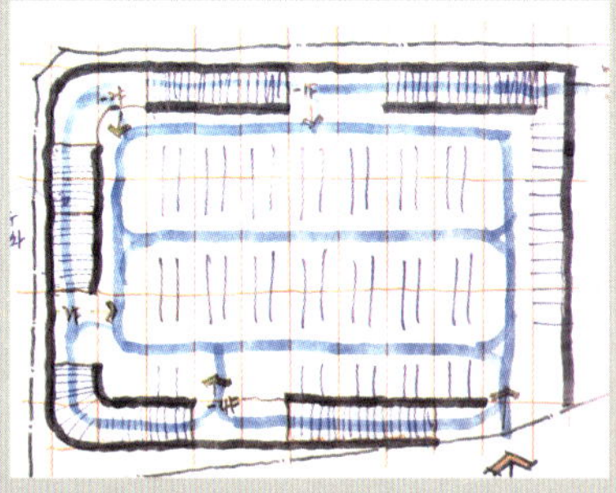

평면계획안5

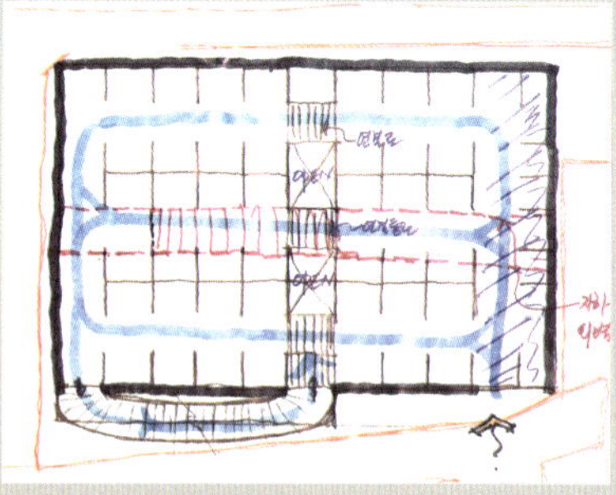

평면계획안6

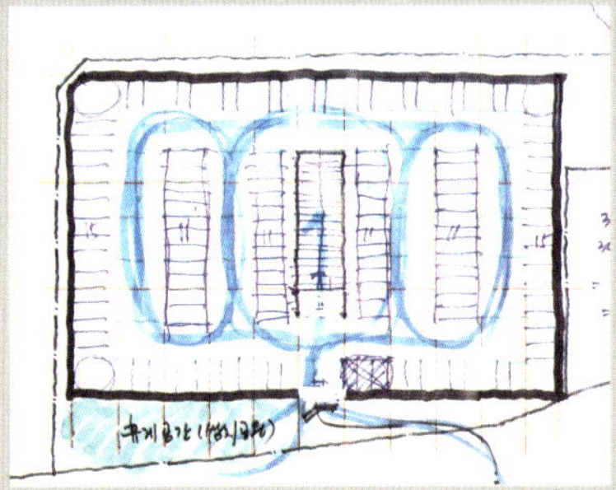

평면계획안7

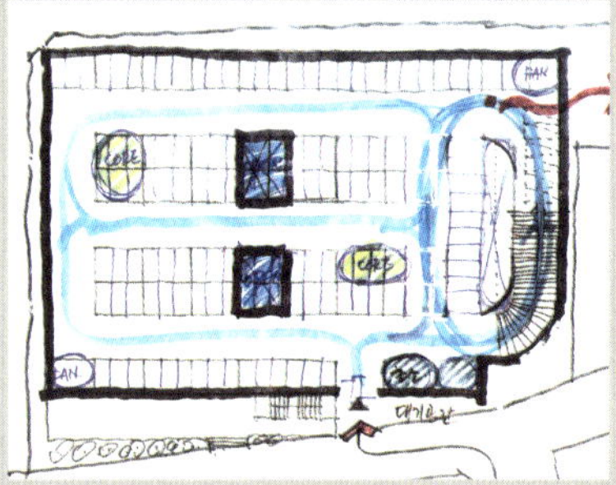

평면계획안8

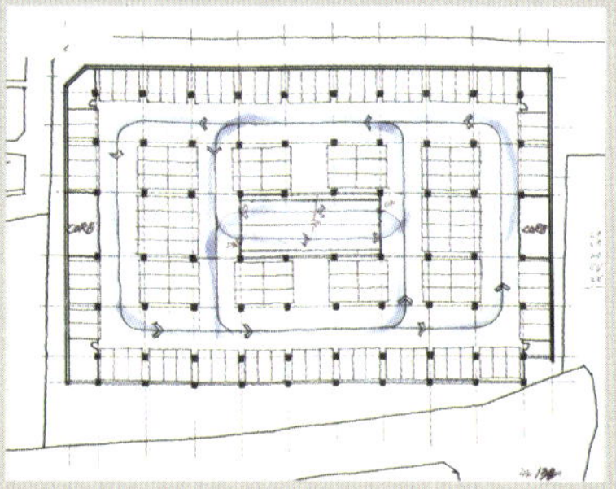

평면계획안9

부담감을 완화하고, 인접한 산책로를 통해 상·하부 주거지역이 연결되도록 하였다.

디자인이 완료될 시점에 이기완 대표, 박문원 부장과 함께 한 디자인회의에서는 환기 및 채광, 벽면에서의 녹화, 저층부 거주자 및 이용객의 시선, 입면 디테일, 지상부 이용과 건물과의 연계성, 동선에 대한 실무적 고민들이 논의되었다. 친환경+주민 커뮤니티의 조성이라는 초기의 개념은 지상부 조경계획 및 입면 재료사용을 통해 구체화했고, 상·하부 동선의 연계를 통해 주거지역의 단절을 해소하였다.
프로젝트가 진행되는 동안 필자는 실내 층별 로고와 색채디자인과 같은 부분적인 계획을 담당하고, 디자인된 것을 심사위원에게 설명하기 위한 사업계획서 작성 업무를 지원하였다. 개인적으로는 개발을 시작하는 순간 피할 수 없게 되는 자연훼손을 최소화하려는 노력이 얼마나 반영되는지 그리고 그것을 뒷받침하는 개념의 표현에 주된 관심을 갖기도 하였다.
당시에는 프로젝트를 진행하는 도중 내가 차지하는 존재의 가벼움에 안타까운 마음도 있었지만 훗날 프로젝트의 중심에 서서 주도적으로 디자인할 때를 상상하면서 더욱 애착을 가지고 일할 수 있었다.

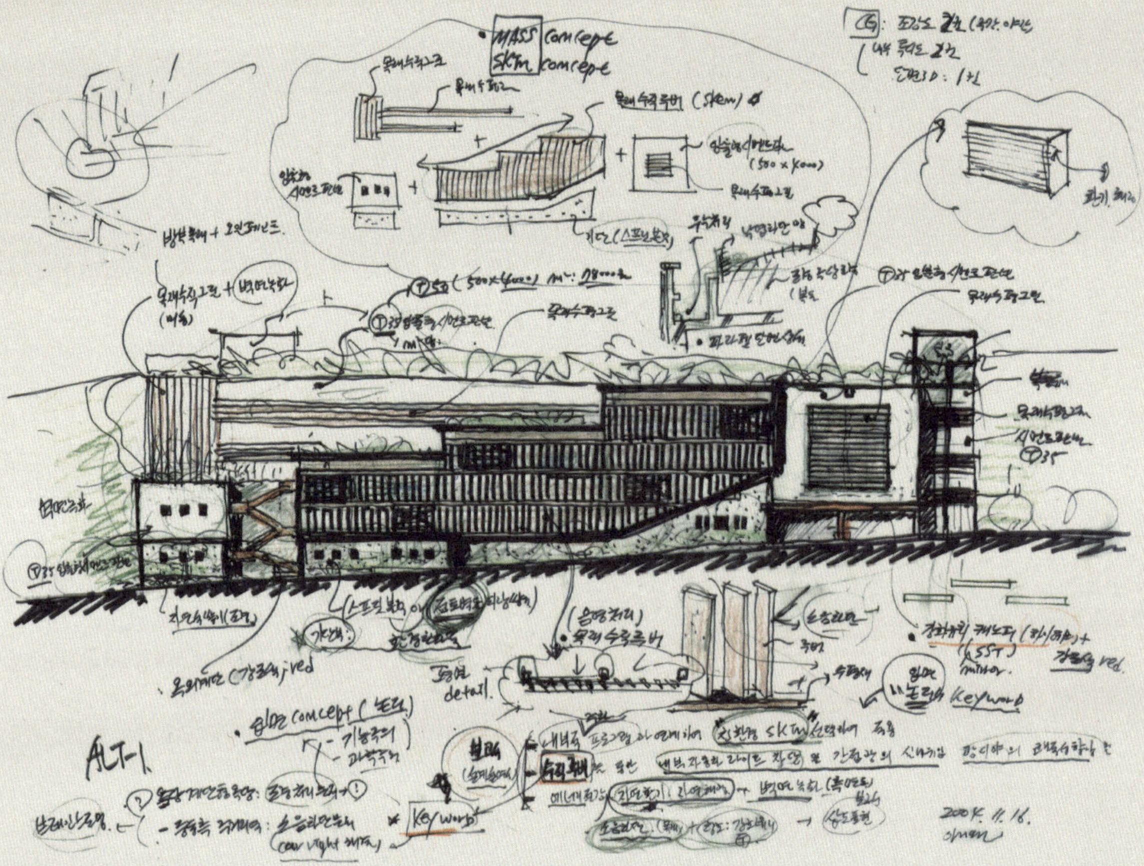

Elevation Sketch | 이기완 대표, 박문원 부장과 함께 한 디자인회의를 통해 나온 입면의 재료, 기능에 대한 실무적 고민이 담긴 스케치

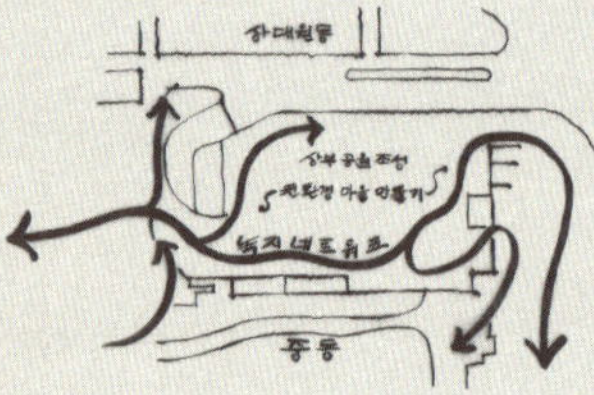

주변과 연계를 이루는 녹지네트워크

상·하부 녹지의 흐름을 이어주는 옥상녹화 단면 개념도

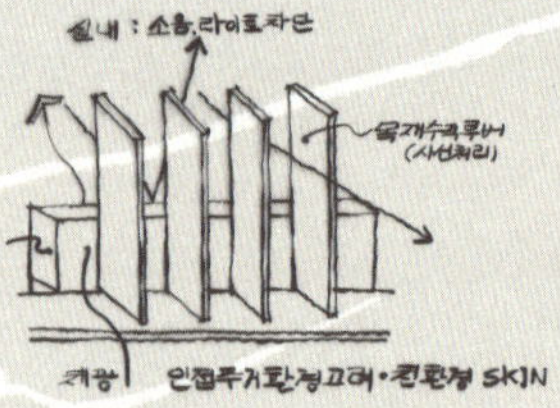

목재 루버와 유리블럭에 의한 입면계획

설계사무소 첫 해에 도로, 항만과 관련된 민간투자사업에 주로 참여하다가 막바지에 주차장 턴키프로젝트에 참여하면서 서로의 열정적인 모습에 많은 자극을 받을 수 있었다. 프로젝트가 진행되는 동안 디자인과 디테일을 풀어나가고, 도면이나 보고서와 사내교육용 브로셔를 만들기까지의 과정을 겪는 동안 스스로에 대한 부끄러움도 느꼈지만 동시에 그 이상의 성취감도 느낄 수 있었다.

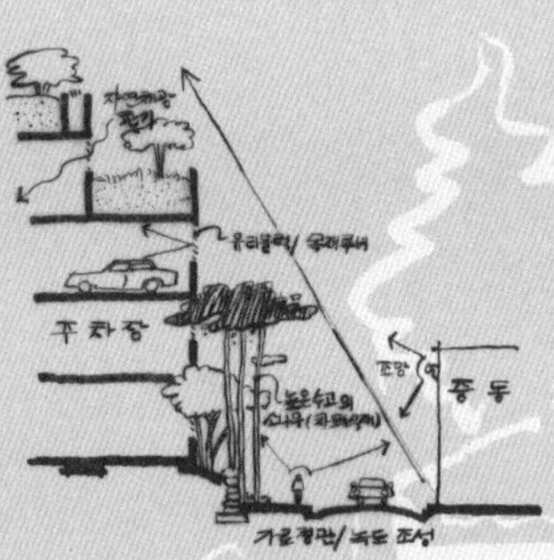

저층부 주거지 및 가로에서의 건물에 대한
시각적 부담감 해소를 위한 단면 다이어그램

좌측의 스케치들은 회의 중 정리된
이기완 대표의 개념스케치이다.

중동지하주차장 모형

설계가 마무리되어 갈 때 쯤 마지막 이틀은 보고서, 도면의 출력과 제본을 위해 인쇄소에서 보내게 되었다. 납품 당일 인쇄를 모두 마치고 보고서를 검토하는데, 설계개요의 주차 대수가 틀린 것이 눈에 띄었다. 아뿔사! 다른 용도도 아닌 주차 용도의 건물에서 주차 대수가 틀리다니…… 제출 전 발견한 것이 천만다행이었지만. 사업계획서 제출 시간은 촉박한데 페이지를 교체해서 제본을 다시 해야 하나 팀원들 모두 고민에 빠지게 되었다. 결국, 시간이 너무 부족하다는 판단에 따라 틀린 숫자만 출력하여 잘라 붙이는 수작업으로 응급처방을 하고 나서야 무사히 제출할 수 있었다.
다행히도 턴키 심사결과는 큰 점수 차의 승리였다. 지금은 완공되어 주민들이 잘 이용하고 있지만, 결과를 기다리던 당시 진땀을 흘리며 초조했던 기억과 마침내 당선 결과에 기뻐 환호했던 기억이 지금도 생생하게 남아 있다. 다소 아쉬운 것은 상부 공원이 설계대로 시공되지 못한 부분이다. 아직도 비용과 유지관리를 핑계로 친환경 설계의 현실화에서 어려움이 있다는 것이 아쉬울 따름이다.

옥상의 공원화로 상 · 하부 주거지역의 연결하고 기존 대원공원과 연결된 녹지축의 연속성을 유지한 커뮤니티 공간을 제공하였다.

건축 색채심리를 고려한 Way Finding 계획. 철쭉, 은행나무, 느티나무, 남한산성, 까치 등 성남시의 상징적 테마를 각 층별 주조색으로 사용하였다.

지하철 9호선

발주처 | 서울시
client | 현대로템
설계년도 | 2003.11~2006.06

서울 시민이 가장 애용하는 대중교통 수단은 바로 지하철이다. 1기 지하철은 1971년부터 1985년에 건설된 1호선, 2호선, 3호선, 4호선으로 서울메트로구.서울지하철공사에서 운영 · 관리하고, 2기 지하철은 1989년부터 2001년에 사업이 시행된 5호선, 6호선, 7호선, 8호선으로 1994년 출범한 서울특별시 도시철도공사에서 운영 · 관리하고 있다. 지하철 9호선은 3기 지하철에 해당되는데 1993년에 9호선, 10호선, 11호선, 12호선이 계획되었으나 국제통화기금IMF으로부터 상당액의 외화를 차입하면서 10호~12호선은 전면 백지화되었다.
이후 9호선에 대한 타당성 조사를 거쳐 민간투자사업 Build-Transfer-Operate: BTO방식* 으로 사업계획이 승인되었다. 이로서 9호선은 서울시메트로9호선주식회사가 30년 간 시설 관리를 담당하고, 서울9호선운영이 10년 간 역무운영을 담당하게 된다. 개화역~신논현역을 잇는 25개 역사의 1단계 구간이 2009년 7월24일 개통하게 되었고, 신논현역~잠실운동장역의 2단계 구간은 2012년 완공을 목표로 사업이 진행되고 있다.

* 민간이 시설을 건설하고 직접 운영하는 수익형 민자사업을 뜻한다. 건설(Build), 이전(Transfer), 운영(Operate)순으로 이루어진다고 하여 BTO 사업이라고도 불린다.

흑석역의 자연채광을 활용한 실내조경공간

샛강역의 문화공연이 가능한 지하광장

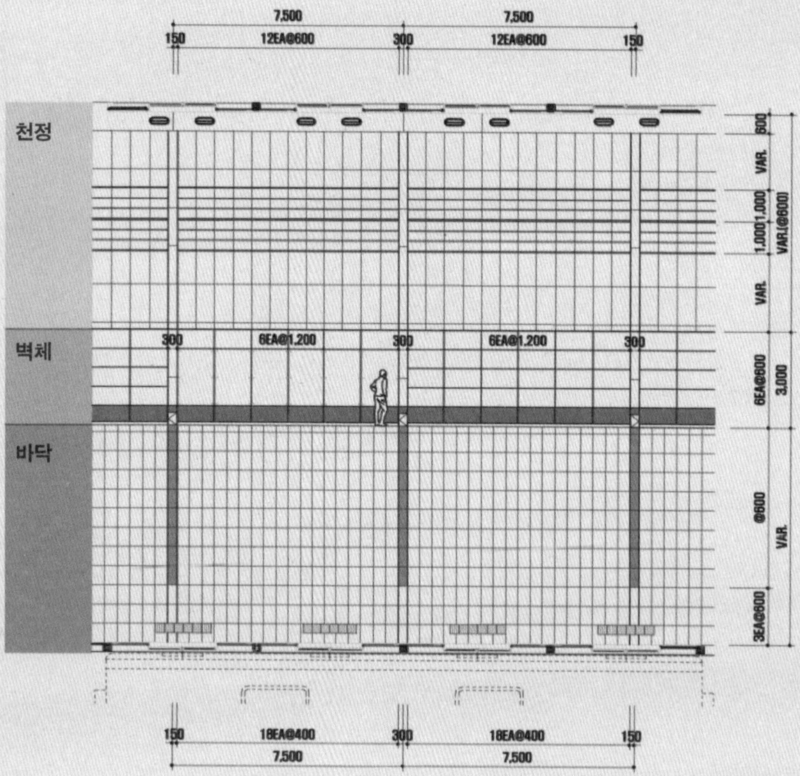

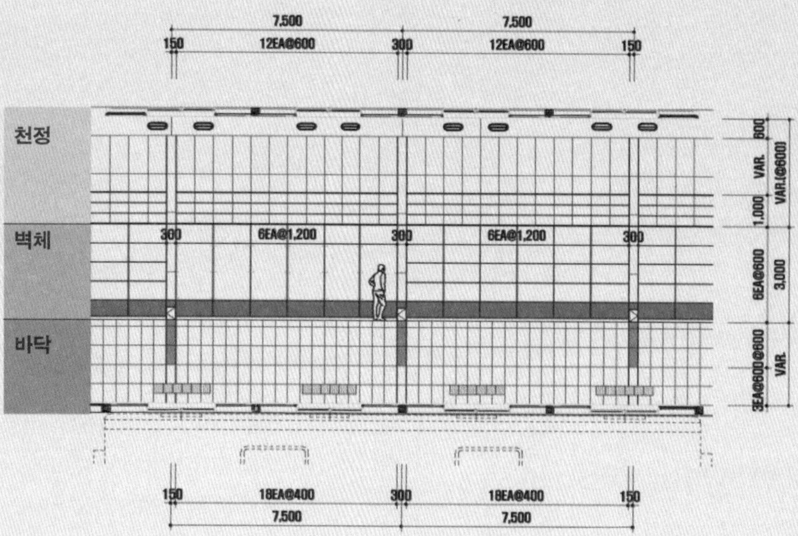

상대식승강장* 디자인 모듈

* 단선 승강장 2개를 마주 보게 설치한 형태를 말한다. 승강장이 선로 바깥쪽에 있기 때문에 비교적 확장이 쉽고 이미 건설된 선로 중간에 시설하기도 용이하다. 대부분의 전철역에서 채택되는 방식이나, 승강장 사이의 이동이 불가능할 수도 있다.

지하철 9호선은 전 구간에 동일한 디자인 컨셉을 적용하여 진행되었다. 승강장, 계단, 에스컬레이터, 화장실, 외부캐노피에 이르기까지 모든 공간의 디자인 컨셉이 동일한데, 국내 최초로 전 구간을 하나의 디자인 컨셉으로 통일시킨 토탈디자인 프로세스가 적용되었다. 토탈디자인이란 지하공간의 규모나 깊이, 지상도로와의 연결성 등 구조적인 차이가 있더라도 어느 역사에서나 같은 분위기를 느낄 수 있도록 공간을 연출하는 것을 말한다. 설계주간사인 성우예건축은 있는 듯 없는 듯 도시경관과 잘 어울리는 캐노피와 넓고 시원한 공간감이 느껴지는 지하광장, 자연채광을 활용한 친환경 공간 등 전 구간의 설계를 하나의 컨셉으로 통일하기 위해 노력하였다. 9호선 디자인의 핵심은 지하공간일지라도 탁 트인 공간감을 연출하기 위해 거추장스러운 장식을 최대한 절제해 깨끗함과 심플함을 창출하고자 한 미니멀리즘이다.

모듈화된 디자인의 염창역 승강장 투시도

건설경제 제13435호 | 미리 보는 서울 지하철 9호선 | 2009년 6월 11일 목요일 11

어느 역 가도 같은 분위기… 국내 첫 전 구간 디자인 통일

서울 강남지역을 동서로 가로지르며 '신 황금라인'이라 불리고 있는 지하철 9호선이 7월 말 개통된다. 출퇴근 시간대별 급행열차를 도입한 지하철 9호선은 김포공항에서 신논현까지 30분 만에 주파할 만큼 빨라 강남 접근성을 크게 개선시킬 것으로 기대된다. 전자동 무인시스템이 적용된 최신 전동차는 기존에 느낄 수 없었던 편리함과 안락함을 선사할 것이며 수백 차례에 걸친 테스트는 안전성에서도 믿음을 주고 있다. 여기에 사람들의 눈과 마음을 편안하게 해주는 설계·디자인은 이용객의 눈길을 단번에 사로잡을 것으로 예상된다. 도시경관과 동떨어진 캐노피(지하 정거장 진출입구), 좁고 어두컴컴한 승강장, 지저분하고 불편한 화장실 등 그동안 지하철 이용객의 눈살을 찌푸리게 했던 것들을 지하철 9호선에서는 찾아볼 수 없다.

아름답고 넓은 곡선 지붕의 승강장(사진 위)과 문화공연이 가능한 지하광장.

승강장 · 에스컬레이터 · 화장실까지 같은 컨셉트
디자인 핵심 철학은 절제와 조화의 '미니멀리즘'
전시 · 문화공연장에 장애인 등 배려한 시설 많아

△전 구간에 하나의 디자인 컨셉트 적용

이번에 개통되는 1단계 구간은 개화역부터 신논현역까지 25.5㎞로, 모두 25개 정거장이 설치됐다.

민간 주간사인 현대로템을 비롯해 현대건설, 울트라건설, 쌍용건설, 대우엔지니어링 등이 시공했고 성우에건축사사무소와 종현건축, 한섬건축 등이 설계를 맡았다.

전 구간을 총 14개 공구로 나눴기 때문에 시공과 설계자도 각기 다르다.

그렇지만 지하 정거장 및 승강장, 계단이나 에스컬레이터, 외부 캐노피, 화장실에 이르기까지 지하공간을 꾸민 디자인 컨셉트는 모두 동일하다. 국내 최초로 전 구간 정거장을 하나의 디자인 컨셉트로 통일시킨 토탈설계 프로세스가 적용된 것이다.

토탈설계 프로세스란 지하공간의 규모나 깊이, 지상도로와의 연결성 등 구조적인 차이가 있더라도 어느 역사에서나 같은 분위기를 느낄 수 있도록 공간을 연출하는 것을 말한다.

설계 주간사인 성우에건축의 이기완 소장은 "있는 듯 없는 듯 도시경관과 잘 어울리는 캐노피와 넓고 시원한 공간감이 느껴지는 지하광장, 자연채광을 활용한 친환경 공간 등 전 구간의 설계가 하나의 디자인 컨셉트로 이뤄졌다"고 말했다.

이 소장은 "9호선 디자인의 핵심은 미니멀리즘(Minimalism)으로, 비록 지하공간일지라도 탁 트인 공간감을 연출하기 위해 거추장스러운 장식은 최대한 절제해 깨끗함과 심플함을 창출하고자 했다"고 덧붙였다.

△배려 깊은 디자인

1974년 서울역~수원 간 지하철이 개설된 이래 아직까지도 많은 지하철역사에서는 여러가지 추가(부가)시설이 설치되고 있다. 장애인이나 노약자를 위한 에스컬레이터나 엘리베이터, 화장실 등 심지어 1980~90년대 건설된 지하철에도 승객에 대한 배려가 부족했던 것이 사실이다.

또한 좋은 의도로 설치한 장애인 에스컬레이터 때문에 계단이 좁아지거나 통행에 불편이 생기는 비정상적인 상황도 심심치 않게 발생하고 있다.

하지만 지하철 9호선의 디자인에는 약자에 대한 배려가 가득하다.

9호선 전 구간에는 장애인이나 노약자, 어린이 등을 위한 편의·안전시설이 적재적소에 설치돼 있다.

뿐만 아니라 기다리는 시간을 줄일 수 있도록 남녀 화장실의 크기와 변기 수까지 고려했고 어린이들만 이용할 수 있는 전용 화장실도 따로 마련했다.

시승행사에 참여했던 전문가들도 지하철 9호선의 디자인은 약자를 위한 배려, 즉 범용 디자인의 7대 원칙(쉬운 정보이용, 사용상의 융통성, 동등한 사용, 손쉬운 이동, 안전성, 적당한 크기와 공간, 힘들지 않은 조작)을 제대로 반영했다고 입을 모았다. 일부 역사에서는 환승 구간이 너무 길고 깊다는 지적을 받고 있는 것도 사실.

하지만 이는 전적으로 구조적인 문제로, 디자인 측면에서는 환승객들의 불편함과 지루함을 덜어주고자 무빙워크를 설치하고 밝은 조명, 중간중간의 전시공간이나 출판문화광장 등을 꾸몄다.

디자인 9호선은 환경에 대한 배려도 잊지 않았다.

최근 문제시되고 있는 석면 함유 자재는 아예 사용하지 않았고, 보기 싫은 도로 주변 환기구 시설 대신 잔디밭을 만들고 나무를 심었다.

또 햇빛이 들 수 있는 지하공간에는 반드시 습기 및 곰팡이 방지를 위해 채광시설을 설치했고 작은 화단과 실내 분수 등도 만들었다.

성우에 이 소장은 "지하철9호선 디자인은 프랑스, 일본, 러시아 등 세계 각국의 우수한 지하철 디자인을 모두 채용한 작품이자 향후 대심도 급행철도 등 활발해질 지하공간 개발사업의 모델이 될 것"이라고 말했다.

봉승권기자 skbong@

1 주변공간과 어울리는 캐노피 2 자연채광을 이용한 실내조경공간 3 어린이용 화장실

미니멀리즘 컨셉트란

시설물 최대한 제한… 깨끗하고 넓은 공간 연출

스크린도어 · 전동차에 최적화 광고만 수용
지상 출입구, 주변경관과 어울리도록 설계

미니멀리즘의 사전적 의미는 '단순함과 간결함을 추구하는 예술과 문화적인 흐름'을 일컫는다.

이를 설계분야에 적용하면 화려한 장식이나 부담스러운 시설물은 최대한 절제해 다소 평범하지만 깨끗하고 넓은 공간을 연출하는 디자인 개념이다.

지하철 9호선 전 구간에 동시 적용된 핵심 디자인 컨셉트가 바로 이 미니멀리즘이다.

실제 앞으로도 9호선 구간에서는 정거장이나 지하광장, 스크린도어, 전동차 등에 설치하는 각종 광고물까지 제한된다.

지하철이 효과적인 광고매체가 되기도 하지만 무절제한 광고물의 난립은 이용객들을 불편하게 만들 수 있기 때문이다.

운영사인 서울9호선운영주식회사는 앞으로도 꼭 필요한 공간에 빌트인(Built-In) 매립방식 등 최적화된 규격의 광고만 수용해 최초의 디자인 컨셉트를 계속 이어가겠다고 말한다.

미니멀리즘의 특징은 지상으로 연결되는 출입구인 캐노피에서 가장 확연히 드러난다.

투박한 벽돌식이나 비정상적으로 크고 화려한 캐노피는 설계에서 완전히 배제시키고 주변경관과 어울릴 수 있도록 유리와 목재 등 가벼운 소재를 활용, 작고 심플하게 디자인했다.

개통을 앞두고 국내 지하철 현장을 견학한 외국 공무원들이 "이곳이 지하철 입구였느냐"고 물었을 정도라는 것이 운영사의 설명이다.

주무관청인 서울시의 한 관계자는 "9호선 건설을 위해 기초적인 디자인 컨셉트를 잡기 시작한 것은 약 10년 전으로 당시에는 너무 심플한 미니멀리즘에 회의적인 시각도 많았다"고 말했다.

그는 그러나 "현재 시점에서 생각해보면 주변경관과의 어울림을 고려한 이 디자인 컨셉트는 최근 유행처럼 번지고 있는 공공디자인의 원조격이 아닌가 싶다"고 덧붙였다.

건설경제에 소개된 9호선 소개글

1974년 서울역~수원 간 지하철이 개설된 이래, 아직까지도 많은 지하철 역사에 여러 가지 추가시설이 설치되고 있다. 주로, 장애인이나 노약자를 위한 에스컬레이터나 엘리베이터, 화장실 등인데 추가 설계되는 과정에서 계단이 좁아지거나 통행에 불편이 생기는 등 비정상적인 상황도 심심치 않게 발생하고 있다.
왕중추가 지은 「디테일의 힘」이라는 책에는 상하이 지하철 1호선을 설계한 독일인들의 세심함에 얽힌 이야기가 나온다. 해마다 여름만 되면 건물들이 빗물로 인한 침수 피해를 당하는 점을 감안해 모든 역의 출구에 3단으로 된 계단을 설치하여 침수 피해를 예방하였고, 모든 역의 출입구를 꺾어지는 형태로 설계해 운영비용을 절감하였으며, 승객들의 선로 추락을 방지하고 승강장의 냉방전력을 절약하기 위하여 승강장과 선로 사이에 스크린도어를 설치했다. 나중에, 중국인의 설계로 건설된 2호선이 개통되면서 사람들은 1호선이 얼마나 세심하고 견고하게 설계되었는지 확연히 깨달을 수 있었다고 한다.

도시경관에 순응하며 미니멀리즘한 디자인 컨셉을 유지한 외부캐노피

모든 성거장을 원격으로 감시제어할 수 있는 시스템이 구축된 종합사령실

지하철 9호선에도 건축가들이 세심하게 고민한 흔적들이 곳곳에 드러나고 있다.

지하철 9호선의 디자인에는 사회적 약자에 대한 배려가 가득하다. 9호선 전 구간에는 장애인이나 노약자, 어린이 등을 위한 편의시설이 적재적소에 설치되어 있다. 뿐만 아니라 기다리는 시간을 줄일 수 있도록 남녀 화장실의 크기와 변기 개수까지 고려했고 어린이들만 이용할 수 있는 전용화장실도 따로 마련했다.

지하철 9호선은 친환경을 통해 쾌적한 공간을 연출하고 있다. 석면이 함유된 자재는 사용하지 않았고, 도로 주변의 보기 흉한 환기구 대신 잔디밭을 만들고 나무를 심었으며, 대지 여건을 감안하여 자연채광을 확보한 실내조경시설을 계획하였다.

지하철 9호선은 미니멀리즘 컨셉으로 디자인되었다.
미니멀리즘의 사전적 의미는 '단순함과 간결함을 추구하는 예술과 문화적인 흐름'을 일컫는다. 화려한 장식이나 부담스러운 시설물을 최대한 절제함으로써 다소 평범하지만 깨끗하고 쾌적한 공간을 연출하는 설계 분야의 디자인 개념이다. 실제로 9호선에서는 정거장이나 지하광장, 스크린도어, 전동차 등에 설치하는 각종 광고물까지 제한된다. 10년 전 당시에는 너무 심플한 미니멀리즘에 대한 회의적인 시각도 많았으나 현재 시점에서 생각해 보면 주변 경관과의 어울림을 고려한 이러한 디자인 컨셉이 최근 유행처럼 번지고 있는 공공디자인의 원조가 아닌가 싶다.

필자는 2005년 무렵 박문원 부장과 함께 종합사령실의 디자인에 참여하였고, 그 후 정거장 실시설계에 2개월가량 참여하였다. 오랜 설계기간 중 막바지에 참여하였지만 건물이 완공되어 운행되고 있는 모습을 볼 때면 마치 내가 다 설계한 양 뿌듯함을 느낀다. 완성된 디자인을 위해 긴 시간 동안 노력한 많은 이들의 땀과 열정이 있었기에 현재의 모습으로 운행될 수 있었다고 생각한다.
"성실하게 하면 일을 완수할 수 있을 뿐이다. 세심하게 해야 비로소 일을 잘 해낼 수 있다."
리쑤리가 말하는 성공의 원칙은 건축가들이 마음속에 새기고 있어야 할 교훈 중 하나라고 생각된다.

잠실역 지하상가

발주처 | 서울시 시설관리공단

설계년도 | 2005. 01

지하공간이라고 하면 왠지 낮은 조도와 탁한 공기가 먼저 떠오른다. 2005년 서울시설관리공단으로부터 잠실역 지하상가와 영등포로터리 지하상가에 대한 리노베이션이 현상설계 방식으로 발주되었다. 성우예 건축에서는 이 중 1981년 준공된 연면적 2,455평에 142개의 점포가 있는 잠실역 지하상가의 현상설계 공모에 참여하였다.

설계사무실에서 현상설계란 일종의 모험과도 같다. 당선을 위해서는 참여 인원이 수십 일 밤을 새워야 할 뿐 아니라, 비용도 수천만 원 내지 수억 원의 금액을 투자해야 하기 때문이다. 다행히 당선이 되고 나면 실시설계권이 주어지는 등 보상을 받게 되지만 탈락되면 고배의 쓴 잔을 마신 채 서로 수고했다는 위로만 주고받을 뿐 모든 손해를 감수해야 한다. 2005년 2주가 채 안 되는 짧은 일정 속에 장문수 부장을 PM으로 한 4명의 팀원이 프로젝트를 진행하였다.

구조물의 형태가 제한된 상태에서 리노베이션을 할 때에는 요란한 스킨디자인을 통해 무언가를 보여줘야 한다는 잘못된 생각으로 접근하기 쉽다.

잠실지하상가의 장미길 보행통로

또한 미니멀리즘 디자인이 제안될 경우, 집객이 필요한 상가시설의 목적상 사람들의 시선을 자극해야 하는데 그렇지 못해 상업성이 부족할 수 있다는 비판의 우려도 안고 있다. 이러한 고민 속에서 프로젝트는 마감을 앞두고 서서히 그러나 일관된 방향으로 정리되어 가고 있었다. 함께 참여하고는 싶었지만 다른 프로젝트에 참여하고 있던 필자는 최선을 다해 좋은 결과가 나오길 바라며 지켜볼 수밖에 없었다. 하루 이틀 시간이 흘러가면서 팀원들이 너무 지쳐가자, 마감 이틀 전에는 PMProject Manager*이 지쳐 있는 직원들을 먼저 퇴근하도록 하였다. 그리하여 타 프로젝트에서 맡은 일을 끝낸 필자가 새벽부터 그 다음날 아침까지 판넬에 들어갈 3D모델링 작업과 함께 CG회사에 넘길 판넬 레이아웃을 정리하였다.
현상설계를 할 때는 항상 로버트 프로스트의 시에 나오는 문장이 떠오른다.
"너는 밀어붙여. 나는 퍼부을테니"
이처럼 필자는 그동안 현상설계를 할 때면 주변의 다른 일들에 대한 신경을 끄고 미친 듯한 열정을 쏟아부어가며 일해 왔다. 대부분의 열정적인 건축가들이 그렇듯 말이다.

잠실지하상가가 완공되고 한참이 지난 작년 11월경 영등포역 지하상가에 대한 경쟁설계가 민간투자사업의 형식으로 발주되었다. 경기불황으로 인해 상권이 침체되고 노후시설에 대한 개선 요구가 있어 대대적인 리모델링 공사를 시행케 된 것이다. 본 프로젝트 또한 이기완 대표가 PM 업무를 담당한 성우·예건축이 당선되어 내년 이후 공사가 진행될 것으로 예상되고 있다.

* 프로젝트의 일정, 인원, 비용 등 전반적인 사항을 결정하면서 프로젝트의 전반적인 내용을 파악하고, 각 분야별 전문가들이 해야 할 부분들을 정확히 짚어내 조율하는 역할을 한다.

패션의류점

낙엽길 광장

화장품점

영등포역 지하상가 경쟁설계에 제출된 내부조감도로
에코존 건축에서 실시설계를 진행중이다.

귀금속점

광양항 서측인입철도 건설공사

발주처 | 여수지방해양수산청
client | 수성엔지니어링
설계년도 | 2005.04~06

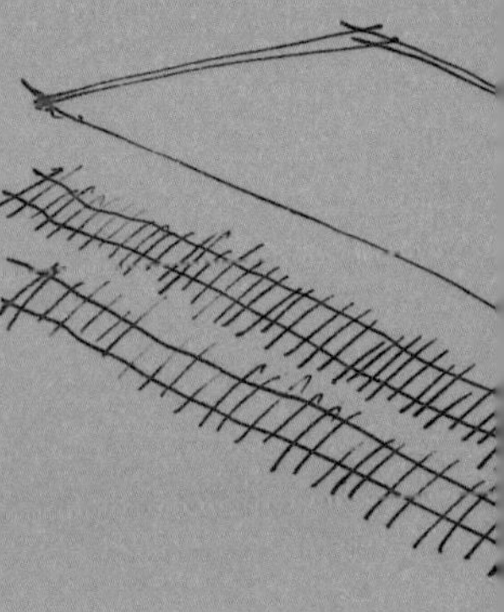

SK건설: 공사비를 최대한 줄여야 하는 상황이니 지붕 재료를 바꾸고, 지하 PIT도 축소해야겠군요. 지붕 재료를 변경하고, 지하 PIT면적을 축소하면 공사비가 상당히 절감될 것입니다.
필자: 내역과 관련된 부분을 담당하였던 박문원 부장이 지금 오는 중이니 잠시만 기다려 주십시오. 내역과 관련한 부분은 제가 자세히 답변드리기는 어렵습니다. 일단, 계획 부분에 대해 얘기하시지요.
SK건설: 조감도 뷰가 너무 밋밋한데요. 마지막 철송장의 뷰는 역동적인 투시뷰로 바꿉시다. 회의 끝나고 바로 CG회사로 출발해서 뷰부터 바꿔야겠군요.

2005년 턴키 납품을 일주일 앞두고 합동사무실에서 사업계획서를 검토하던 중, PM이었던 박문원 부장이 오기 전까지 사원이었던 필자가 SK건설의 건축담당 부장과 실무 협의를 하게 되었다.
이 프로젝트를 통해 건축 분야의 전문인으로서 "실무경력이 1~2년 밖에 안 되었으니 이 정도면 괜찮겠지."라고 스스로를 변명할 수 없다는 것을 깨닫게 되었고, 많은 건축에 대해 진지함을 갖게 되었다. 시간을 투자하여 디자인에서부터 도면 및 보고서 작성까지 스스로 모든 것을 해 볼 수 있는 첫 번째 기회였지만, 지금 돌아보면 많은 아쉬움이 남는다.

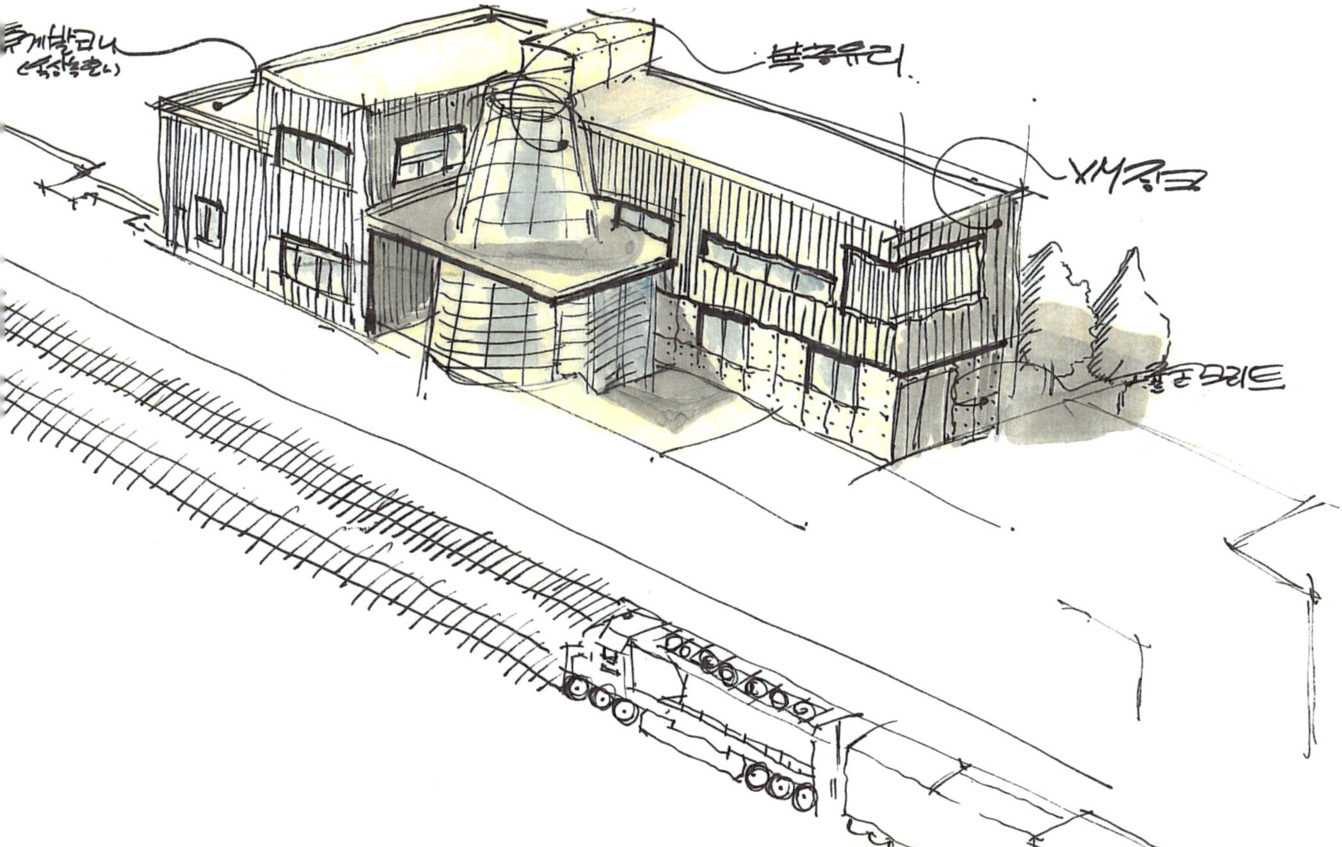

구간의 선로 용량을 늘려 열차의 운행횟수를 증대시켜 신속하고 원활한 수송을 가능케 하는 신호장. 열차의 교차운행과 비상시 대피를 위하여 설치한 초남신호장은 기존 초남역사의 철거를 고려하여 계획되었다.

효율적인 화물수송을 위해
철송장을 관리·용이한 위치에
계획된 철송장 관리동(좌, 우)

토목의 철도분야에서 PM Project Manager 역할을 맡았던 프로젝트로, 건축 분야는 필자가 속한 설계사무소에서 신호장 1개동, 철송장 2개동과 정비고, 경비실 등의 계획을 진행하게 되었다. 필자는 신호장의 계획, 이석제 과장은 철송장의 계획을 담당하여 건축 분야 PM인 박문원 부장과 상의해가며 진행하였다. 하나의 건축물을 디자인하기에는 경험이 다소 부족할 수도 있었지만, 두 선배들의 도움과 믿음 덕분에 성공리에 첫 성과물을 만들어낼 수 있었다.

프로젝트 진행 중에는 개념 전개를 위한 논리와 머릿속 생각을 구체화시키는 데 활용할 스케치 등 필자 스스로에게 부족하다고 생각되는 것들을 꼼꼼히 정리했다. 정리하고 보니 부족한 게 이렇게 많은데 어느 세월에 프로 건축가가 되겠나 하는 막연함마저 들었다. 그러나 건축가란 스스로 전문가라는 자부심과 함께 최선을 다하는 마음이 뒷받침되어야 한다고 생각했기 때문에, 당시 부족한 것을 평상시에 꾸준히 노력하게 되었다.

프로젝트가 마무리될 때 즈음에는 사업계획서 작성 때문에 프로젝트 합동사무실을 드나들면서 SK건설의 부장과 실무적인 얘기를 할 기회가 있었다. 외장재료, 지하층 피트의 범위 등 공사비와 관련한 내용과 디테일에 대해 대화하면서 디자인만 아니라 알아야 할 것들이 많은데도 내 자신이 얼마나 부족한지 실감하였고, 실무에 들어선 순간 '지금 1년 4개월

차일뿐인데……' 하는 생각 따윈 스스로에 대한 변명에 불과하다는 것을 깨닫게 되었다. 돈을 내고 학교에서 건축을 배우던 아마추어에서 벗어나 설계사무소에서 돈을 받고 프로로 일하게 되는 순간부터는 연차나 직급에 관계없이 설계사무소를 대표하는 한 사람이라는 생각을 갖게 된 것이다. 이 프로젝트는 당선되었다. 그러나 필자는 실시설계 및 이후 공정에는 참여하지 못했고, 최근 착공에 들어가기 위해 지반 관련내용을 검토 중이라는 소식만을 전해 들었다.

설계사무소에 입사해서 복사, 출력, 모형제작, 포토샵 리터치, 3D모델링 등 설계 외적인 일이라 할 수 있는 것부터 시작하게 되었을 때, 나는 어떻게 하면 이 일들을 효율적으로 처리하고 내가 하고 싶은 일에 더 많은 시간을 투자할 수 있을까 하는 생각을 하면서 일하곤 했다. 1~2년 차일 때에는 본인이 하고 싶은 일보다는 스스로에게 불필요하게 생각되는 일을 하게 될 때도 많지만 그 가운데 기회가 온다고 믿었고 그대로 되었다. 평상시 본인에게 주어진 일을 현명하게 처리하고 다가올 기회에 대한 준비를 착실하게 한다면 기회가 왔을 때 후회하지 않을 수 있을 것이라 생각된다. 혹은 스스로에 대해 부족함을 느끼더라도 그에 대한 준비를 해나가면 될 것이다. 입사 후 두 해 동안 참으로 바쁘게 지냈는데, 막상 내가 열정적으로 참여한 프로젝트라 할 만한 것을 꼽아 보니 많지는 않았다. 실무 1~2년 차일 때 나의 미래는 뿌연 안개 속에 있는 느낌이었다.

part 2

우선 자신을 만족시켜라

제주종합문화센터

제주대학교 교직원복지시설

전라선 익산~신리 간 복선전철

아산만 배수갑문 확장사업

스스로를 믿고 자신감 있게 프로젝트를 진행하는 것도 건축가가 갖추어야 할 덕목 중 하나다.
자신감이 없는 건축가는 중요한 시점에 결정을 내리지 못하는 실수를 범하게 된다.
스스로가 자신감을 가질 수 있도록 노력하고, 작업하라.
그리고 스스로가 디자인한 내용을 설명할 때는 자신감 있게 말하라.

제주종합문화센터

발주처 | 제주도청
client | ㅇㅇ종합건설
설계년도 | 2006.01~04

디자인의 완성도를 높이기 위해서는 많은 시간과 노력이 필요하다고 생각한다. 디자인은 눈으로 보는 것만으로는 충분하지 않은데, 직접 그려 보지 않고서는 실력이 늘지 않기 때문이다. 또한 내가 보기에 멋있다고 감탄하는 디자인이더라도 다른 사람의 눈에는 이상하게 보이는 경우도 비일비재하다. 이 때문에 스스로의 디자인 철학이 없다면 디자인에 대한 결정을 내리기 어렵다. 그래서 클라이언트나 다른 전문가는 속일 수 있을지 몰라도 스스로는 속일 수 없다는 말도 있는 것 같다.

스스로 만족할 수 있는 건축가가 되기 위해서는 시간과 노력을 기울여 스스로의 내공을 쌓아야 한다. 경력이 그리 오래되지 않은 필자에게 주변의 나이 지긋한 선배들은 마치 무림의 고수와도 같다. 작업의 성과물만 보고도 그 건축가의 연륜과 내공까지 짚어내는 것을 보면 놀라울 따름이다.

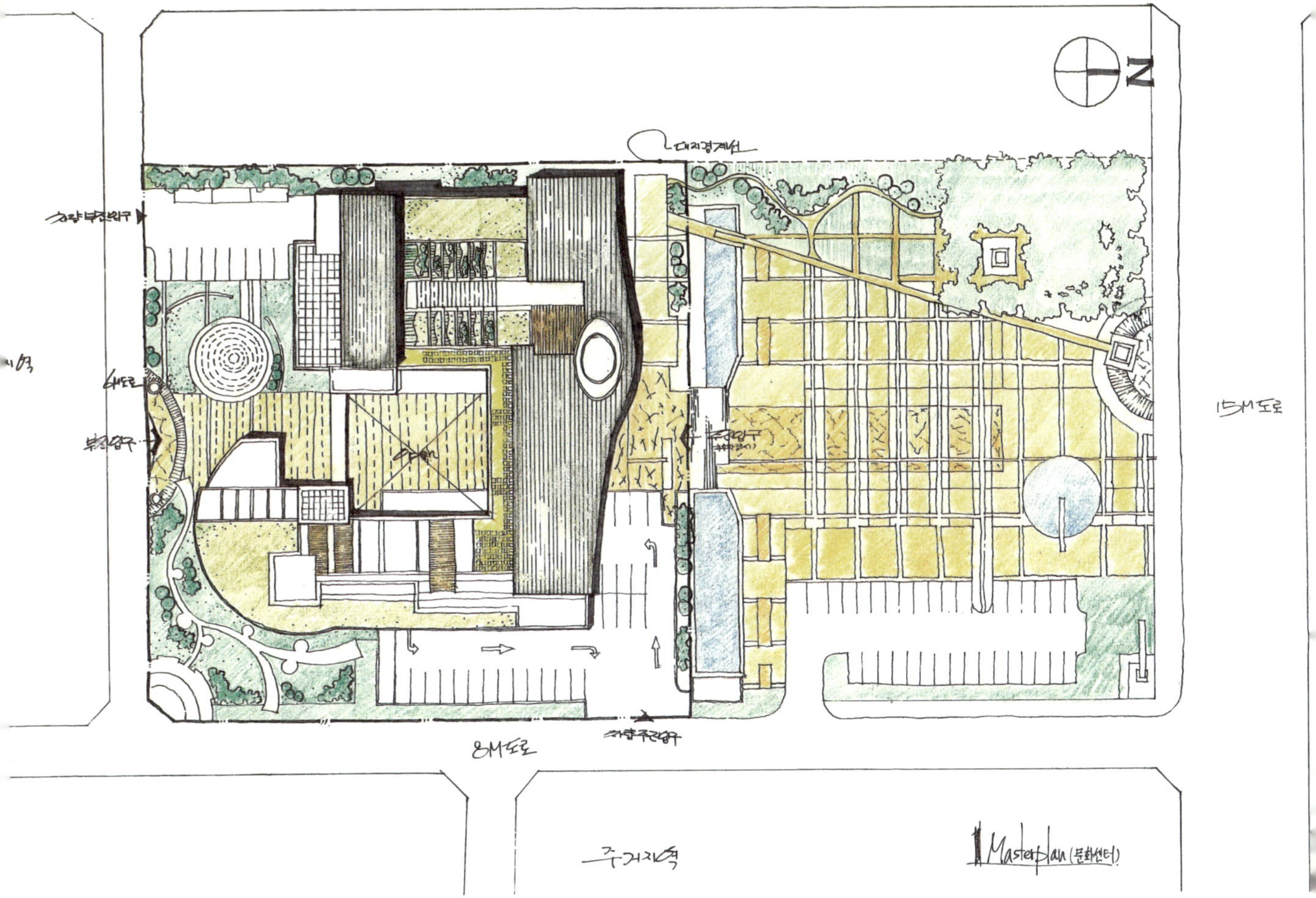

배치 스케치 | 국토관리청으로 이용되고 있는 대지 내에 여성문화센터의 기능을 담고, 대지 북측의 공공시설 부지를 추후 확장하는 것으로 배치계획이 진행되었다.

남측 부지의 확장을 고려한 조감도

2006년 초 시작된 제주종합문화센터는 필자에게는 다소 낯선 BTLBuild-Transfer-Lease*이라는 사업 방식으로 진행되었다. 비슷한 시기에 납품 예정이었던 제주도립미술관과 동시에 진행되었기 때문에 제주도 현지 업체와 컨소시엄을 구성하였다. 필자에게는 광양항 프로젝트 이후 두 번째로 주어진 디자인 기회였다. 기회는 준비된 자에게만 찾아온다더니 실무 만2년 만에 경쟁설계의 외관디자인을 맡게 되었는데, 이는 다소 일찍 찾아온 기회라고 할 수 있었다.

문화시대에 즈음하여 지역민의 문화적 욕구는 증폭된 반면, 읍 · 면 · 동 단위의 '주민자치센터' 또는 '문화의 집'은 시설 규모가 영세할 뿐 아니라 운영담당인력이 부족하거나 운영관리의 전문성이 결여되어 있는 것이 현실이다. 이에 따라 질 높은 프로그램, 이용자를 다변화할 수 있는 프로그램의 개발, 이용자 관리 및 이용자 확충 등에 있어 많은 어려움이 제기되고 있다. 또한 제주도는 타 지역과는 확연히 다른 여성문화가 존재하는 바, 이에 대한 정체성 확립과 의미부여를 위한 공간이 필요하다는 인식에 따른 문화복지공간을 조성하기 위한 사업의 일환으로 본 프로젝트가 발주되었다.
대지 북측에 위치한 국토관리청이 이전하고 나면 장래 주진 입광장으로 활용될 예정이기 때문에 전면 15m 도로에서의 접근 동선을 고려해야 했고, 또한 현재 주진입로인 동측 8m 도로에서의 접근성을 고려한 정면성도 확보해야 했다. 붉은색 라인은 종합문화센터가 들어설 예정인 7,392m^{2}의 사업부지이며, 북측의 푸른색 라인은 확장 예정부지로서 추후 확장을 고려하도록 RFP에 언급되어 있다.
제공된 시설사업기본계획과 성과요구수준을 숙지한 후 제주도 현장답사를 시작하였다.

그저 부지를 한 번 둘러보는 것만으로도 머릿속에 강한 인상이 남을 수 있다. 하지만 시간이 지나면 잊히는 기억력의 한계를 고려한다면 체크리스트 작성 및 메모, 스케치, 사진 촬영 등이 필요하다.

* 민간이 시설을 건설하되 운영권은 정부가 소유하는 형태의 임대형 민자사업을 뜻한다. 건설(Build), 이전(Transfer), 임대(Lease)순으로 이루어진다고 하여 BTL 사업이라고도 불린다. 자체적으로 수입 창출이 힘든 시설을 대상으로 이루어지며, 민간사업자에겐 건설권은 주어지지만 운영권은 주어지지 않는다.

현장조사 시 유의사항

- 대지의 형태 및 경사, 지형, 지질에 대한 분석
- 자동차, 버스 등의 차량인프라 조사
- 각 방향에서의 조망권 분석
- 주거, 학교, 교회 등 영향을 미칠 수 있는 주요 시설물들의 파악
- 현 부지계획 시 조망 및 추후 부지확장 시의 조망 고려
- 차량, 보행자, 자전거 이용자 등의 접근성 고려
- 가로경관을 고려하여 상징성을 부여해야 할 부분에 대한 고민
- 지역의 특색 및 주민들의 성향 파악

대지현황 | 대상지는 북측의 국토관리청(청색 라인)을 포함한 일단의 공공용지로 활용되고 있다. 남측은 4층 이하의 저층 연립주택 등이 밀집되어 있는 지역이고 동측은 자연녹지지역으로 감귤과수원 및 담으로 활용되는 녹지지역이다.

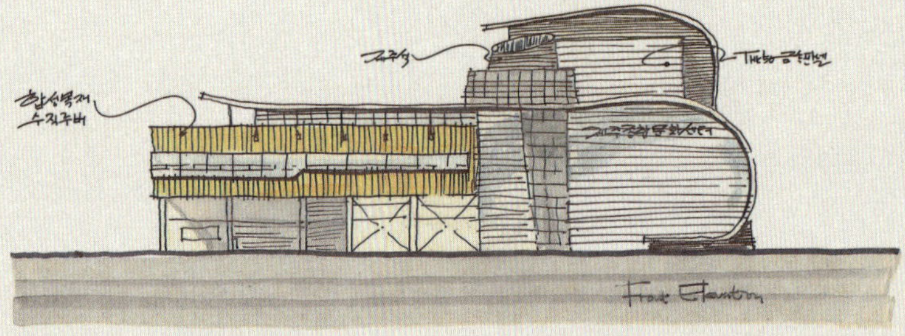

정면도

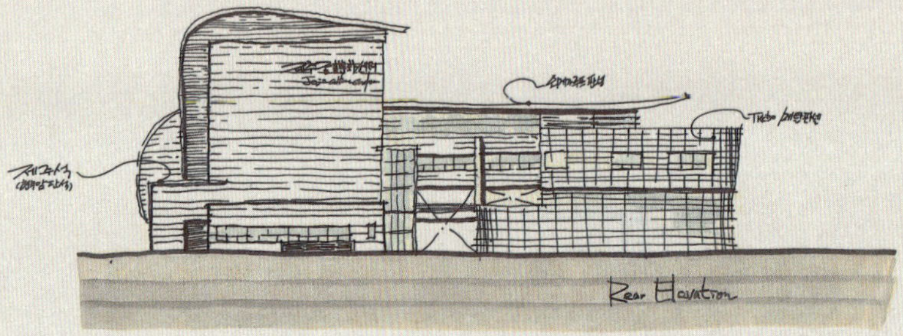

배면도

입면스케치 | 배치가 결정되고 난 후 필자는 PD Project Designer* 로서 입면디자인과 사업계획서 총괄 업무를 담당하였고, 팀 동료인 유원기 과장은 PA Project Architect** 로서 평면계획과 도면총괄을 맡아 진행하였다. 여성문화센터와 보육시설이라는 프로그램의 성격을 반영하여 건물을 품는 듯한 조형이미지로 아이를 감싸 안는 어머니의 마음을 형상화하였다. 제주의 지역성을 나타내는 제주석을 상징 재료로 사용하고, 조형 컨셉을 바탕으로 디자인을 반영시켰지만 높게 솟은 공연장의 무대부가 건물과 조화를 이루지 못한다는 느낌을 지울 수 없었다. 계속해서 건물이 정면과 어울리도록 무대 부분에 곡선 요소를 도입하고 건축물을 감싸는 금속 스킨의 선형도 가다듬으며 수많은 선들을 그렸다 지우는 것을 반복하면서, 서서히 건물의 형태를 잡아가기 시작했다. 그래서 디자인을 아날로그 작업이라고 하나 보다.

* 프로젝트의 디자인을 주도적으로 이끌고 팀원들의 아이디어를 디자인에 녹아들게 한다. 이때 본인의 디자인만을 고집하는 것이 아니라 전체를 통합적으로 파악하고 디자인을 결정 해가는 역할을 한다.

** 프로젝트의 실무적인 부분을 총괄하며 기술적 문제들을 해결하는 역할을 한다.

배치도 | Masterplan

야경 |
Perspective view

계획안을 제출하고 결과를 기다리는 순간을 필자는 '아쉬움'이라는 단어로 표현하고 싶다. 프로젝트를 진행하는 매순간에는 최선을 다해 노력하느라 숨 돌릴 겨를조차 없지만, 제출 후에는 계획 당시 놓쳤던 부분이나 실수했던 부분들이 하나 둘 눈에 보이기 때문이다. BTL은 아래와 같은 여러 분야의 전문가들이 모여 프로젝트를 진행한다.

지역 건설사를 포함한 건설회사
건축, 구조, 조경, 토목, 기계, 전기 분야의 설계회사
건물의 유지 및 관리를 담당하는 운영사
각종 비용에 대해 검토를 하는 회계사
계획 설계단계에서 각 분야의 원활한 소통을 위해 참여한 PM전문회사
사업계획서를 만들기 위한 편집 전문가
이들 모두가 프로젝트의 당선을 위해 최선을 다해 작업을 하고 있는 것이다.

본 프로젝트의 RFPRequest For Proposal* 에는 참여업체의 명칭을 사업계획서에 기재하지 않도록 되어 있었기 때문에, 제출 전날 인쇄소에서 기술부문 보고서뿐만 아니라 가격부문 보고서까지 재차 확인하였다. 하지만 인쇄소에서 출력 전까지 꼼꼼히 체크했던 업체명이 제출 후에서야 가격부문 보고서에서 발견되는 사고가 일어났다. 보통 가격부문 보고서는 회계사가 담당하며 제출 마지막날까지 변경되기 때문에 가장 나중에 인쇄되는데, 제출일 아침에 회계사무소에서 건설회사의 참여지분에 대한 내용을 변경하면서 기재한 업체명을 발견하지 못했던 것이다.

결국, 평가에서 우수한 점수를 받고도 그 일 때문에 실격처리가 되었다는 소식을 접하고서 모두가 안타까워했지만 이를 통해 뼈아픈 교훈을 얻게 되었다. 그 이후 보고서가 제본된 후에도 제출 전까지 내용을 꼼꼼히 살피는 습관이 생긴 것은 당연한 결과인지도 모른다.

* 주무관청에서 프로젝트에 참가하는 사업신청자 또는 사업시행자에게 요구하는 업무의 최저 수준을 제시하는 것이다. RFP에는 준수해야 할 법령 및 기준을 포함하여 설계단계의 요구수준, 시공단계의 요구수준, 운영 및 유지관리 단계의 요구수준, 성과점검평가 및 결과 활용단계 요구수준 및 VE제안 등의 내용이 기재되어 있다.

제주대학교 교직원복지시설

발주처 | 제주대학교
client | 대우자동차판매 건설부문
설계년도 | 2007.06~09

건축 설계 시 대지의 위치와 주변환경에 따라 여러 가지 조건이 달라지며, 그에 따라 작업의 난이도 또한 달라진다. 클라이언트가 항상 거주하는 단독주택은 도심지 빼곡한 건물들 사이에서 법규에 따라 용적률을 채워나가며 작업해야 하는 오피스나 근린생활시설보다 어렵고, 주변 숲이 울창하여 수려한 자연경관을 자랑하는 경우에는 자연 환경을 망치는 것이 아닌가 하는 부담감 때문에 더욱 힘들다. 모든 건축 계획의 목표 대상은 언제나 인간이지만, 자연 혹은 도시라는 환경 위에 건축하는 것이므로 항상 인간, 자연, 도시라는 세 가지 요소를 염두에 두고 디자인에 임하게 된다.

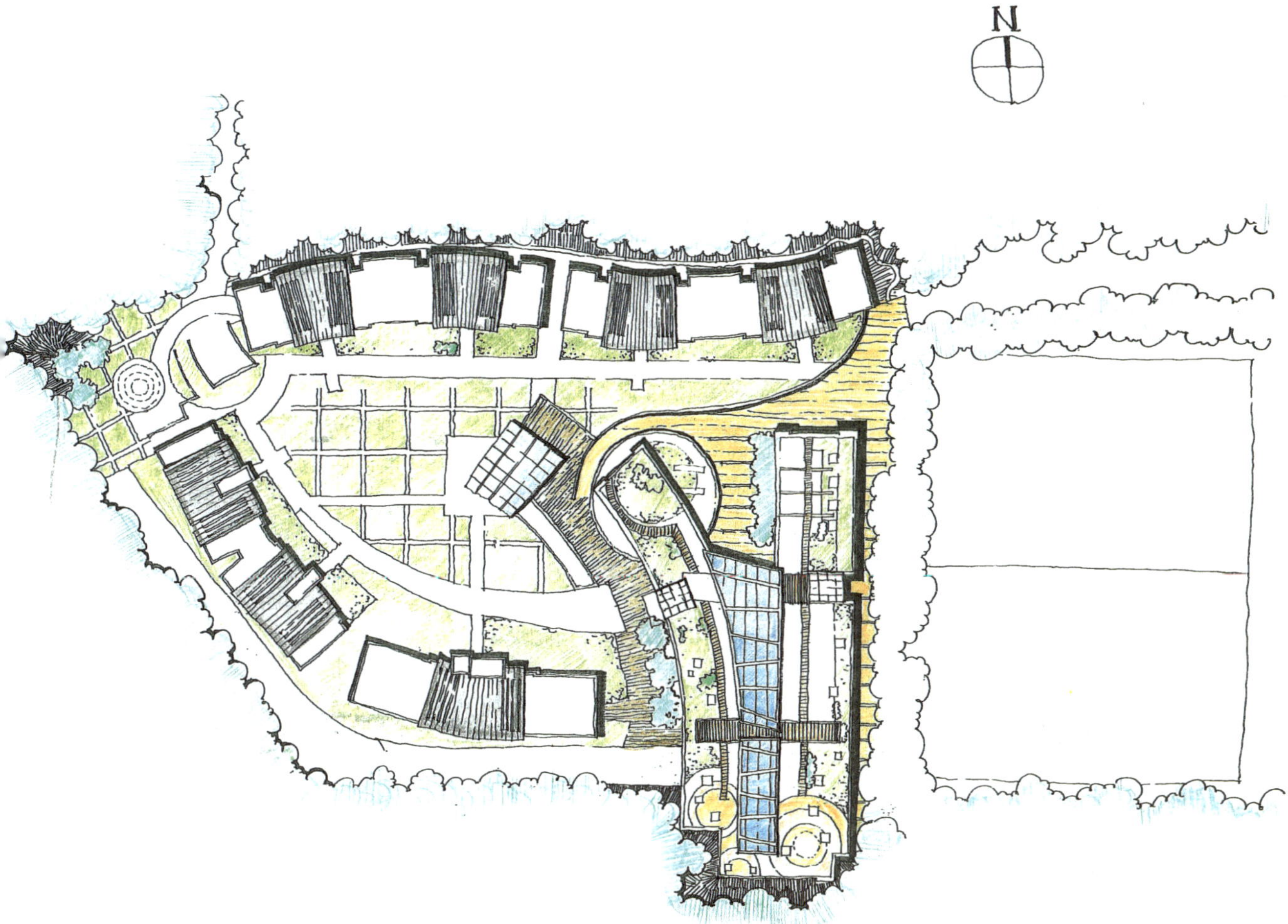

배치 스케치 | 대지는 북 · 서 · 남측의 자연경관과 동측의 캠퍼스 조망권을 갖춰 경관이 수려한 지역이다. 기존의 교수아파트가 차지하고 있던 상대보전지역을 복원하고 건천 및 소나무 군집을 보존함으로써 녹지축을 형성하여 주변과 잘 어울리도록 하는 배치계획이 제안되었다.

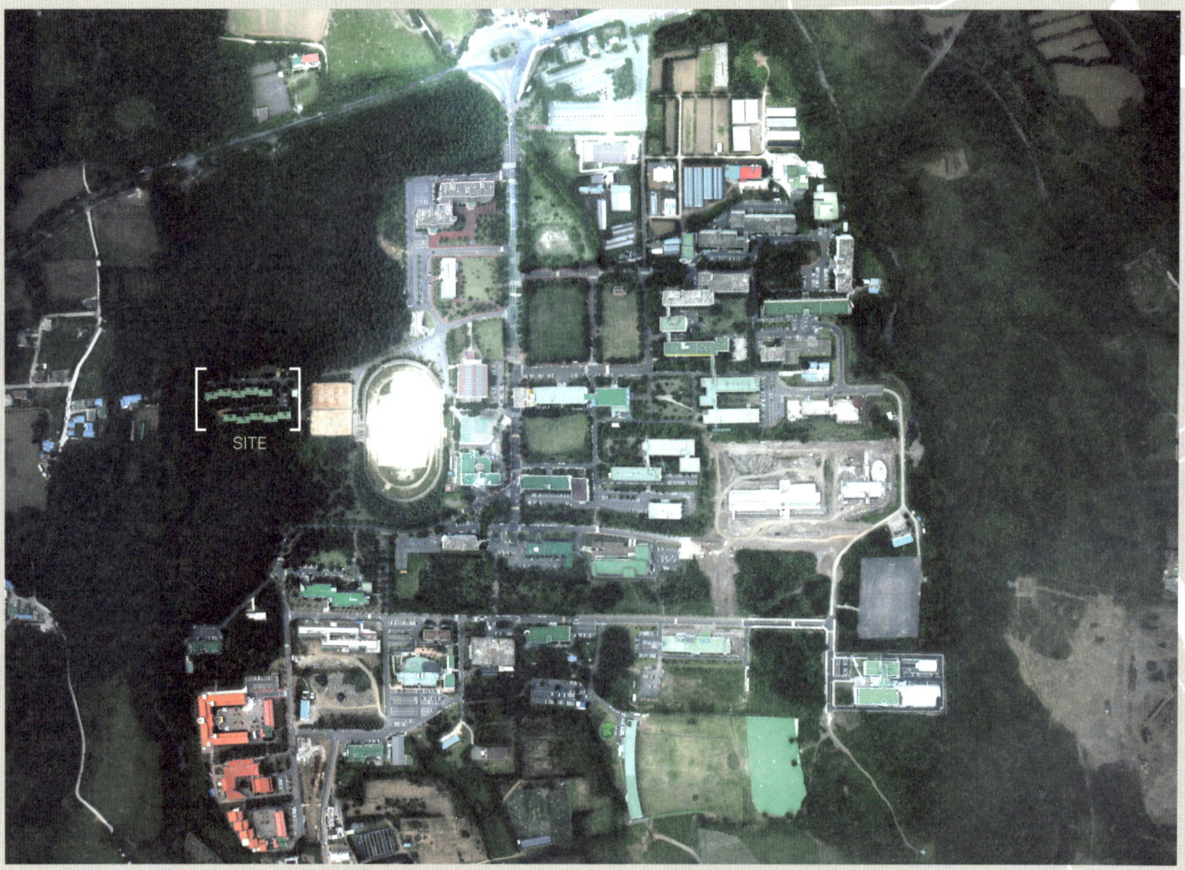

항공사진 | 제주국립대학교의 서측 끝자락에 위치한 대지는 캠퍼스에서의 접근 외에도 대지 북쪽의 오솔길을 통해서도 접근이 가능하다.

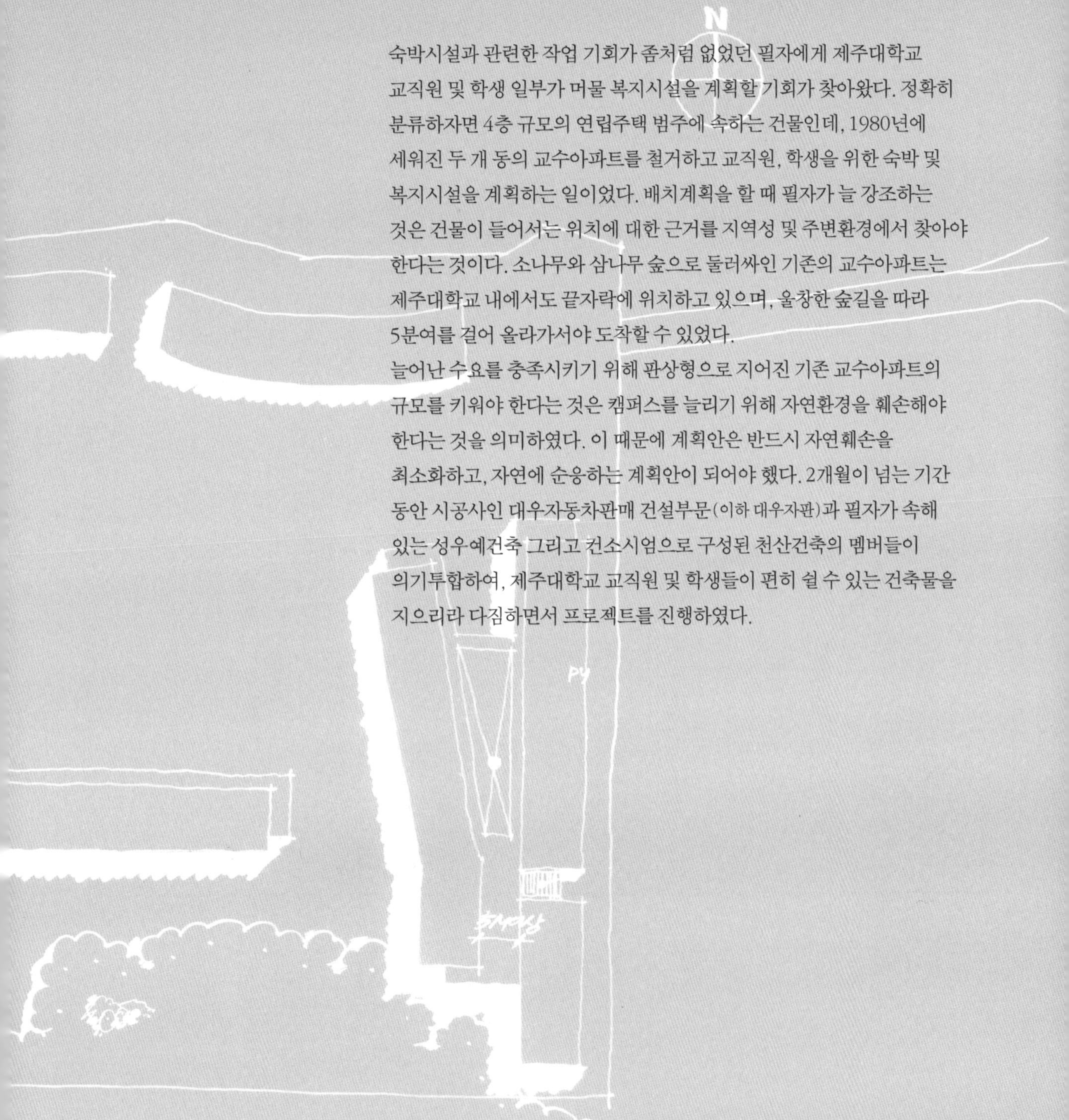

숙박시설과 관련한 작업 기회가 좀처럼 없었던 필자에게 제주대학교 교직원 및 학생 일부가 머물 복지시설을 계획할 기회가 찾아왔다. 정확히 분류하자면 4층 규모의 연립주택 범주에 속하는 건물인데, 1980년에 세워진 두 개 동의 교수아파트를 철거하고 교직원, 학생을 위한 숙박 및 복지시설을 계획하는 일이었다. 배치계획을 할 때 필자가 늘 강조하는 것은 건물이 들어서는 위치에 대한 근거를 지역성 및 주변환경에서 찾아야 한다는 것이다. 소나무와 삼나무 숲으로 둘러싸인 기존의 교수아파트는 제주대학교 내에서도 끝자락에 위치하고 있으며, 울창한 숲길을 따라 5분여를 걸어 올라가서야 도착할 수 있었다.
늘어난 수요를 충족시키기 위해 판상형으로 지어진 기존 교수아파트의 규모를 키워야 한다는 것은 캠퍼스를 늘리기 위해 자연환경을 훼손해야 한다는 것을 의미하였다. 이 때문에 계획안은 반드시 자연훼손을 최소화하고, 자연에 순응하는 계획안이 되어야 했다. 2개월이 넘는 기간 동안 시공사인 대우자동차판매 건설부문(이하 대우자판)과 필자가 속해 있는 성우예건축 그리고 컨소시엄으로 구성된 천산건축의 멤버들이 의기투합하여, 제주대학교 교직원 및 학생들이 편히 쉴 수 있는 건축물을 지으리라 다짐하면서 프로젝트를 진행하였다.

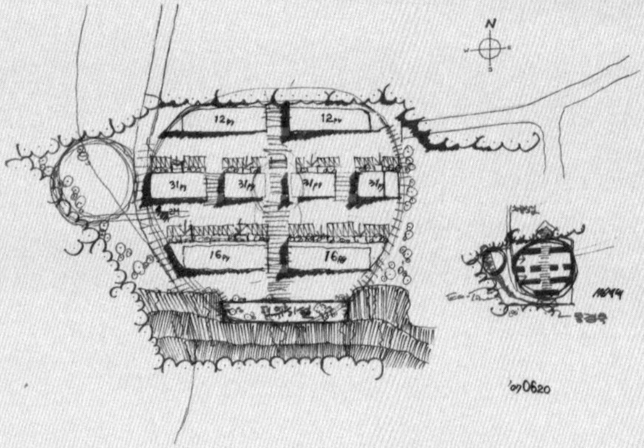

배치계획안1 | 2~4호의 판상형 주동을 정남향으로 배치

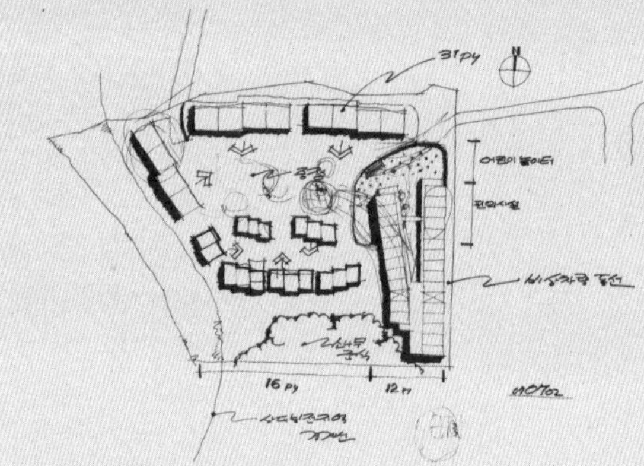

배치계획안2 | 북측에 산 아래를 조망하는 주동을 일렬로 배치한 후 대지의 형태를 따라 판상형 주동을 배치하고, 12~16평형은 중복도로 집중하여 배치

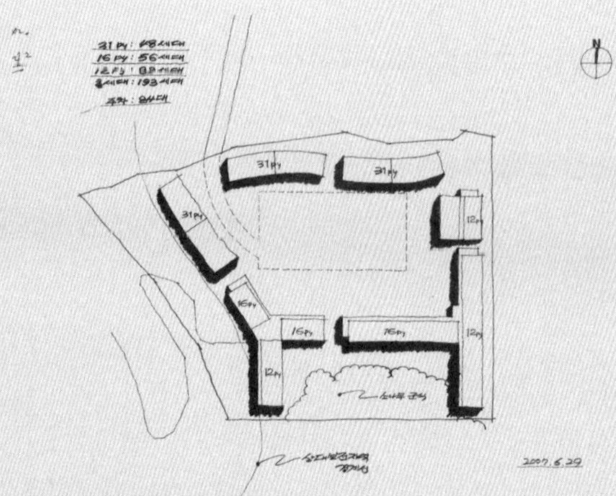

배치계획안3 | 판상형 주동이 주변대지를 바라보도록 계획된 중정형 배치. 12~16평형을 중복도로 계획

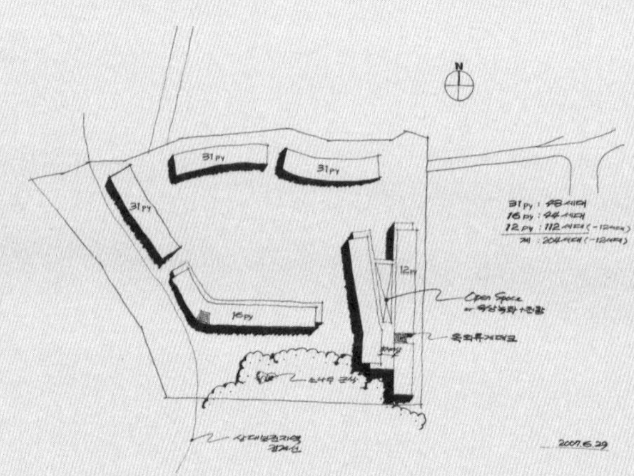

배치계획안4 | 31평형은 주변 자연을 향해 배치하고, 12~16평형은 중복도로 집중하여 배치

처음에는 요구사항인 160세대를 채우는 것에 중점을 두고 계획을 진행하였지만, 세대수를 확보한 후에는 주변 숲과 서쪽의 건천 등 주변지형에 순응하는 것이 배치계획의 핵심이 되었다.

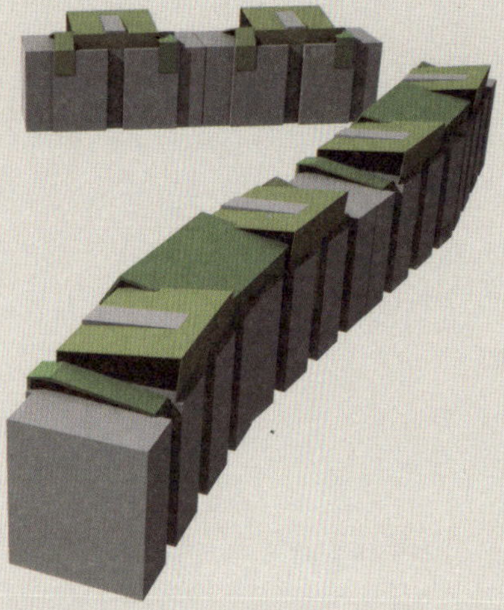

지붕스터디 | 지붕이 건물의 형태를 결정짓는 것 외에 거주자가 실제로 이용할 수 있도록 정원, 휴게공간 등의 기능을 부여하였다.

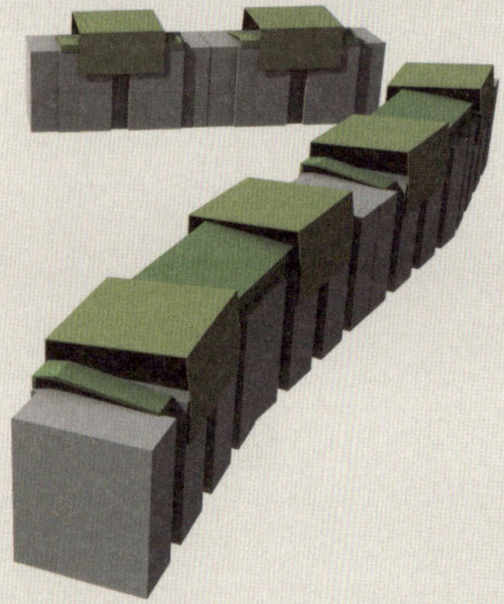

배치계획이 결정되면서 비움의 공간개념으로 설정한 지하 1층의 중앙공간을 통합형 필로티 주차장과 무인세탁실, 편의점 등 다양한 특화시설을 계획하고 지상은 넓은 중앙광장에 '주민 커뮤니티의 장'을 조성하였다.

본 프로젝트의 컨셉 '2 idea'는 시공사와의 첫 만남에서 바로 떠오른 아이디어이다. 자연에 순응하고 다시 새로워지는 건축물로서 제안되는 두 가지 아이디어라는 본래 의미도 있지만, 바꾸어 생각해보면 대우자판의 아파트BIBrand Identity인 '이안'을 의미하기도 한다. 떠오른 아이디어를 제안했을 때 담당 직원들의 반짝이는 눈빛을 통해 내・외부에서 모두가 공감할 수 있는 컨셉이 될 것이라고 확신했다.

브랜드 이미지를 위한 키워드
자연 - Eco, 푸르다, 친환경, 빛, 바다, 하늘, 숲
주거 - Nest, 미래주거, Vill, 채
제주 - 올래, 낭바띠, 오름

후보안1

후보안2

후보안3

후보안4

후보안5

후보안6

기존 공동주택 브랜드 네이밍 사례

신성 미소지움 – (미소진 + -um) Your Smile Life

제일 풍경채 – 세상에서 가장 아름다운 풍경이야기

벽산 블루밍 – 활짝 Feel Life

포스코 The # – 내 삶의 반올림

동부 Centreville – (centrue(중심), centry + 집 ville) 사람을 아름답게 하는 집

현대 I' Park – 생각, 그 이상의 무한 생활공간

현진 에버빌 – High Class Cultural Life

경남 아너스빌 – Space Design Theme Park, Well-Being Life

대림 e-편한세상 – 집은 쉼이다

금호 어울림 – 여자가 보인다

풍림 아이원 – (I' want) 내가 원하는 아파트

한화 꿈에그린 – 꿈에 그린 집 , Dream + Green

신일 해피트리 – Intelligent Naturalism (행복이 사는 아파트)

신도 브래뉴 – (Brain New + Brand New) 새로운 생각과 아이디어

대우자판 laan – (Interior, Advance, Assurance, Nobility) 모든 가치가 이안(내부)에 있다

삼성 레미안 – Falls in Platonic

이수 브라운스톤 – 품격과 명예(삶 이상의 가치실현)

GS Xi – Extra Intelligent – 앞서가는 사람들이 선택하는 최첨단 아파트

롯데 캐슬 – Life is Castle

대우 푸르지오 – 가장 자연적이면서 가장 도시적 행복을 만듦

제주대학교만의 특화된 브랜드가 필요하다고 생각했기 때문에 주거와 자연, 제주를 상징하는 다양한 키워드를 바탕으로 제주대학교 건물 브랜드에 대해서도 고민했다. 건설사들이 이름 짓기에 머리를 싸매는 이유는 그것을 통해 자사 브랜드를 알리는 것은 물론 차별성을 강조할 수 있기 때문이다. 이를 극대화하기 위해서 네이밍 전담팀을 두거나 네이밍 회사에 용역을 맡기기도 하지만, 이 프로젝트는 아직 사업실행이 구체화되지 않았기 때문에 설계팀에서 기본적인 제안을 하게 되었다.
기존에 나와 있는 아파트 및 주상복합 브랜드에 대한 키워드를 정리한 후에 몇 가지 안을 제안한 결과, 제주대학교 복지시설 브랜드로서 '누리올래'로 결정되었다. 제주의 지역성이 가장 강하게 드러나면서도 주거와 자연이라는 특성을 갖는 푸르올래로 1차 결정이 되었으나, 기존에 나와 있는 브랜드와 유사한 느낌이 강하여 누리올래라는 브랜드명으로 변경된 것이다.
사실, 네이밍을 하다 보면 쓸 만한 단어가 선점된 경우가 많기 때문에 이름 짓는 것은 결코 쉬운 일이 아니다.

현장을 다녀와서 필자는 이기완 소장을 비롯한 천산건축의 남정현 실장, 권기풍 팀장과 함께 친환경적 배치와 필로티형 지하주차장 및 주민공동광장 조성을 배치의 컨셉으로 한 계획안을 구상하기 시작했다. 판상형, 타워형 등 공동주택에 쓰이는 주동 타입과 복도형 주동타입을 대지에 앉혀 보며 여러 가지 계획안을 준비했지만, '과연 이것이 주변 환경에 어울리고 이용자의 편의를 최대한 고려한 계획인가?'라는 고민에 빠지게 되었다. 보존해야 할 건천과 소나무 군집 지역이 넓다 보니 160세대 이상을 확보하면서 지형에 어울리는 배치계획을 하기란 쉽지 않았다. 모두들 퇴근한 빈 사무실에 혼자 남아서 고민하며 밤을 지새우던 어느 날 배치안을 그리던 손끝에서 전율이 느껴졌다.

단지 중앙의 데크 광장을 둘러싸며 대지 경계를 따라 주변 자연환경을 조망할 수 있는 건물의 배치가 떠올랐던 것이다. 대지 남측에 군식된 소나무를 훼손하지 않으면서도 주어진 세대수를 만족시키며 들어선 건물의 배치는 그동안의 고민과 압박감을 모두 날려버리기에 충분했다. 통합형 필로티 주차장을 통해 상부는 넓은 중앙광장이 확보되는 개념을 살렸고, 중복도 타입의 건물에는 아트리움을 통해 직사광선을 차단하여 자연환기가 이루어지도록 하였다. 공동주택 배치가 처음이라 왠지 모를 두려움과 걱정이 앞섰지만, 고민 끝에 찾아온 성취감을 느낄 수 있어서인지 어려운 문제를 해결하기 위해 노력하는 것도 힘들지 않았고 디자인 과정도 힘들지 않았다. 당시 필자를 전율로 떨게 했던 계획안이 제주의 맑고 푸른 자연 환경과 어울리면서, 이용자에게도 큰 만족감을 주리라 기대해 본다.

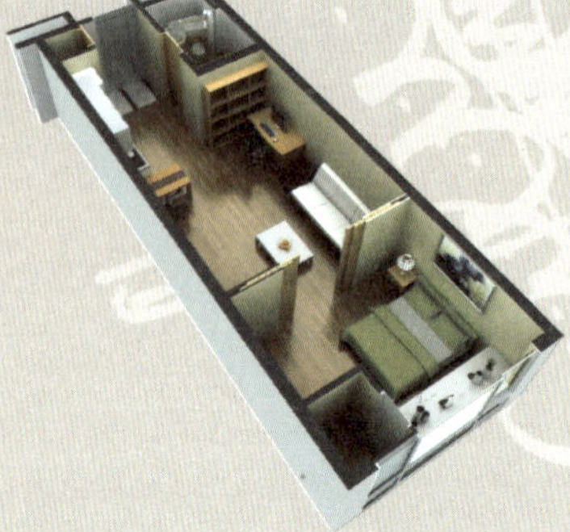

16평형 | 실의 가변성을 고려 평면계획

12평형 | 외부와 면하는 창호에 수납공간을 마련하여 이용성 증대

31평형(A) | 채광 및 환기에 유리한 양면 발코니 계획 발코니의 보조주방 이용으로 유기적 연계

31평형(B) | 마스터룸 고급화로 독립성 확보 주부동선을 고려한 효율적 주방계획

전라선 익산~신리 간 복선전철

발주처 | 건설교통부

client | ㅇㅇ엔지니어링

설계년도 | 2006.04~06

각기 다른 건축가가 계획한 건축물들이 일관되게 하나의 흐름을 유지해 나가기란 쉬운 일이 아니다. 이런 경우 각각의 건축가가 디자인한 건축물들은 전체 컨셉에 맞추어 디자인하되, 자유로운 상상력을 동원하는 것이 중요하다.

필자와 철도시설과의 인연은 입사 이듬해인 2005년 광양항 서측인입철도에서부터 시작되었다. 그 다음으로 참여한 프로젝트는 지하철 9호선 실시설계였는데, 최근 완공된 지하철 9호선의 계획단계에 본인의 땀방울이 섞여 있음을 생각하면 자부심이 느껴진다. 그로부터 2년 뒤 전라선 4개 간이역사 계획을 통해 다시 한 번 철도시설을 계획하게 되었다.

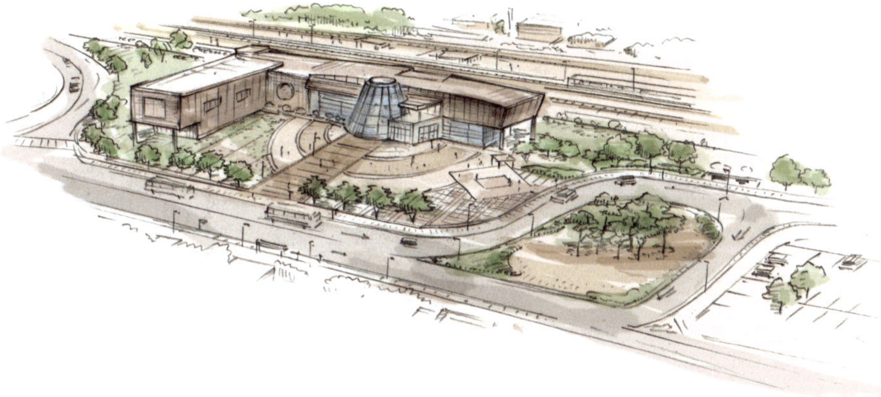

각 정거장별 조경개념 스케치 |
전라선 동익산(위)
전라선 동산(중간)
전라선 신리역(아래)

동익산역

삼례역

동산역

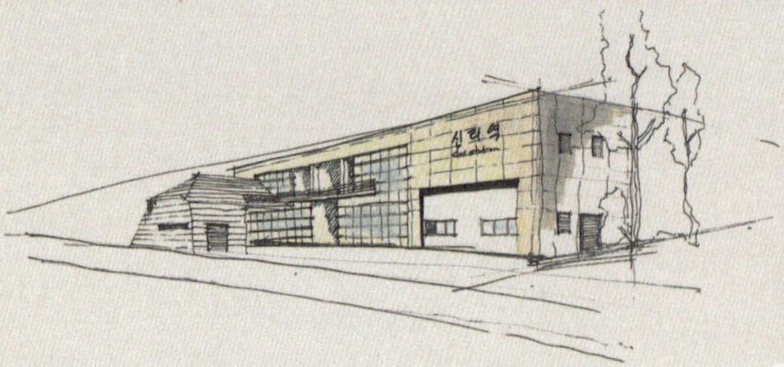

신리역

최근에는 현장에 가보지도 않고 계획을 잡는다는 것을 상상하기 힘들지만 2006년 당시 회사 내 일부 팀에서는 경쟁설계임에도 불구하고 대지가 지방에 위치할 경우 바쁘다는 핑계로 사진만 보고 계획하는 경우가 비일비재했다. 하지만 필자가 주도적으로 계획하는 프로젝트에 있어서는 땅을 밟고 느껴본 후에 계획하는 것을 원칙으로 삼고 있다. 이 프로젝트도 현장답사에 시간 내기 어려운 회사 사정을 파악하자, 혼자서라도 답사할 계획을 세웠다. 주말에 혼자서 익산부터 신리까지 다섯 개 역사를 둘러보았는데, 필자의 이런 행동을 알아차렸는지 며칠 뒤 팀원 모두가 익산에 내려가서 대지와 기존 건축물을 다시 둘러보고 온 일도 있다.

기존의 노후화된 역사를 철거한 후 다시 계획하는 것은 건축물의 새로운 가치를 만들어내는 작업이다. 단순히 옛것을 새것으로 바꾸는 행위가 아니라 기존 건축물의 불편한 부분을 체크하고, 그것에 대한 해결책을 하나하나 계획에 담아내는 기본적인 일들이 선행되어야 한다. 부출입구에 캐노피를 설치하지 않아서 공사 후 역무원들이 직접 캐노피를 설치하는 바람에 어색하게 조화를 이루고 있는 모습, 창고가 부족해서 오래된 서류들이 사무실에 수북하게 쌓여 있는 모습들을 모두 현실로 받아들이고 계획에 임해야 했다.

입찰안내서상에 제시된 기준 면적들이 현장의 불편함을 해결해 주지 못하고 있음에 안타까웠지만, 이러한 불편함을 해결하는 것이 건축가의 기본 의무임은 분명했다.

결과적으로 우리는, 민자역사로 제안하게 될 전주역을 제외한 연면적 600~900m^2 규모의 간이역사 네 곳을 맡게 되었다. 박문원 부장은 PM 역할과 함께 2개 역사를 디자인하였고, 필자와 유원기 과장이 각각 1개 역사를 담당하여 프로젝트를 진행하였다. 프로젝트에 따라 PM, PD, PA의 역할을 구분하는 것이 효율적일 경우도 있다. 하지만 이 경우처럼 시간, 비용, 인원 등의 요소를 고려했을 때에는 역할 구분보다는 모두가 최선의 결과물을 만들기 위해 노력하는 것이 더 필요하다. 가끔은 이렇게 하나의 일관된 컨셉 아래 각자가 건축물들을 계획해 보는 것도 색다른 즐거움을 준다.

아산만 배수갑문 확장사업

발주처 | 한국농촌공사
client | ㅇㅇ엔지니어링
설계년도 | 2008. 06~07

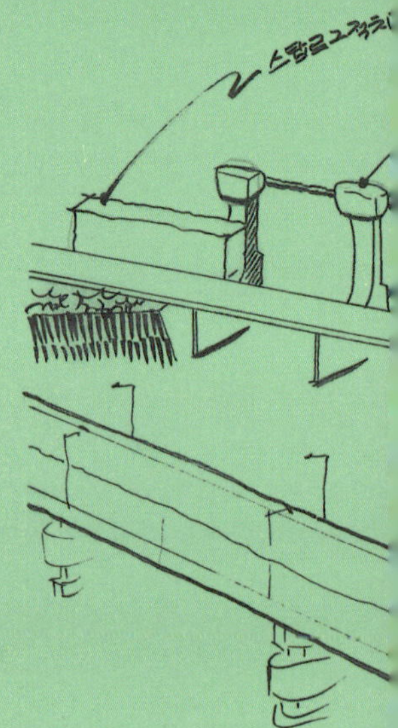

건축물을 디자인하는 방법은 다양하다. 하지만 프로젝트의 성격에 맞추어 컨셉을 정하고, 정해진 컨셉에 따라 아이디어를 발전시키는 것은 변함없이 중요하다.
요즘에는 홍수로 인한 피해는 자연재해가 아닌 인재라는 인식이 강하다. 우리나라의 홍수 피해는 주요 선진국의 홍수위험지수와 비교해 볼 때 미국과 일본의 3배, 영국과 독일의 30배 수준으로 선두를 달리고 있다.

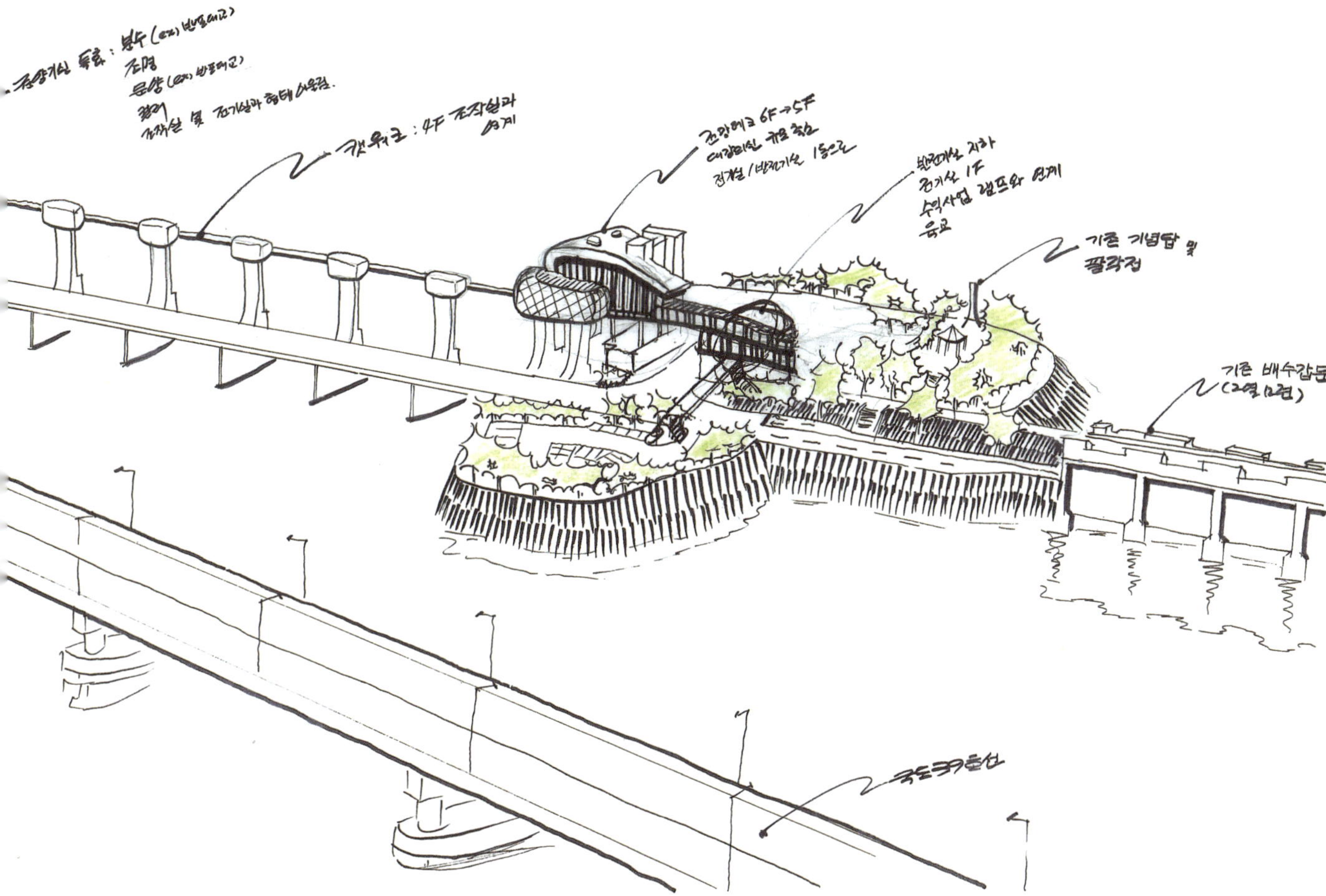

확장 건설되는 8련의 권양기실과 관리사무소에 대한 초기 개념스케치

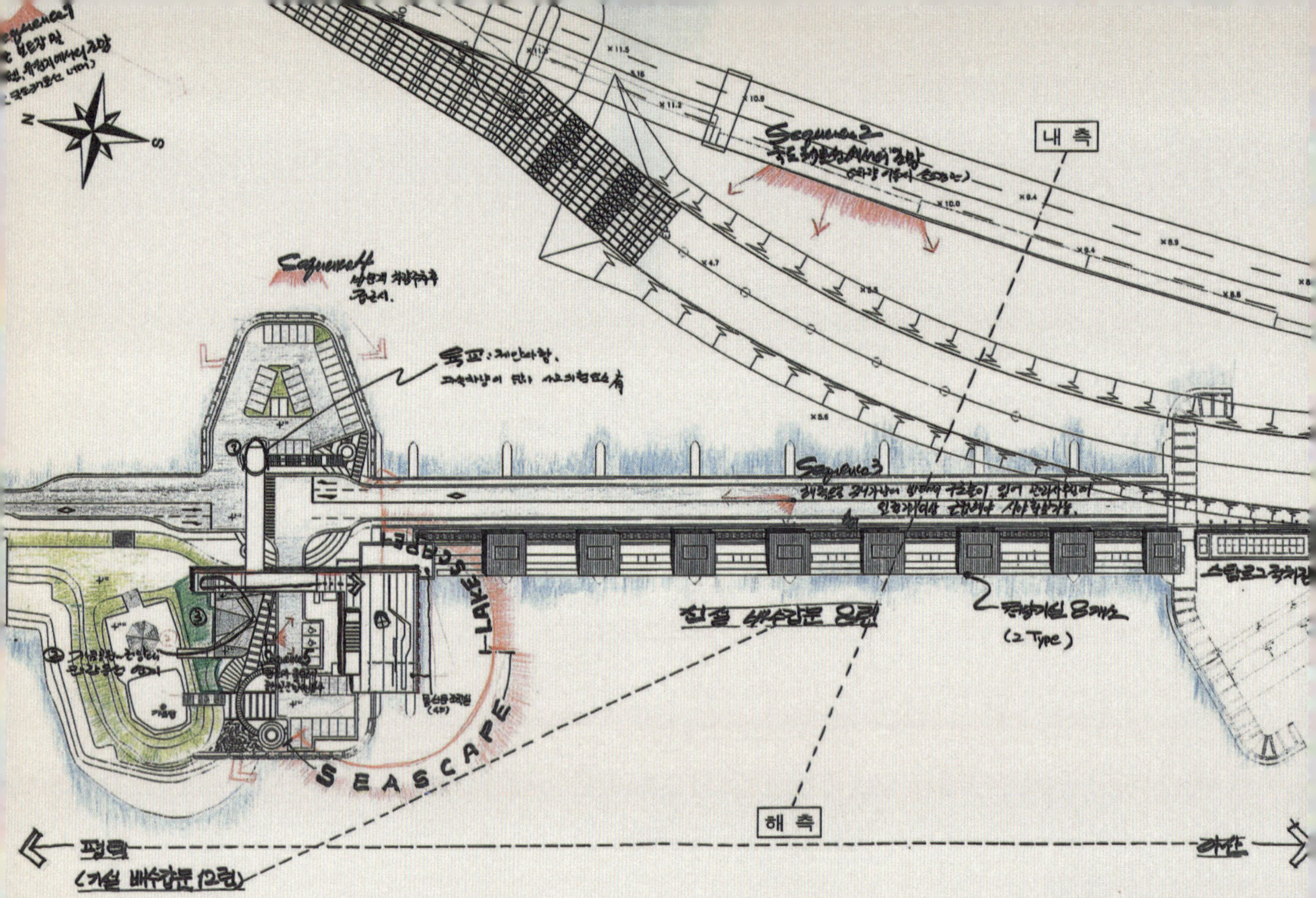

1 A 005 전 체 배 치 도

축척 - A1:1/500 A3:1/1,000

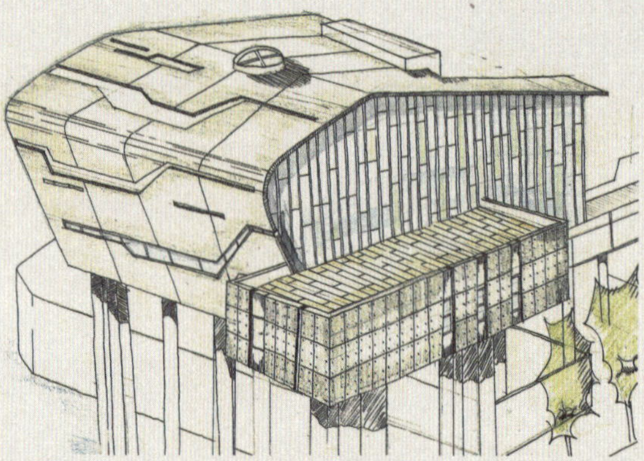

아산만 배치도와 투시도

평택시와 아산시 사이에 위치한 아산만 방조제는 총 길이가 2,654m이다. 농업용지 이용을 위한 염수차단 및 연안침식방지, 홍수 시 원활한 통수능력 배양을 위한 목적 등으로 총 사업비 377억 원을 소요하여 1970년 12월 착공, 1973년 12월 완공되었다. 외국의 기술을 도입하여 방조제가 완료되자 박정희 대통령은 이곳에 기념비를 세웠다.
그리고 2002년 하천정비 기본계획 시 분석된 홍수위를 설계 당시 홍수위로 낮추기 위해, 이미 설치된 아산만방조제 배수갑문을 확장하려는 것이 본 프로젝트의 시작이었다.

먼저 아산만 배수갑문에 대한 정보를 수집하고, 다음날 바로 현장을 조사하였다. 멀리서부터 배수갑문을 관찰하면서 조금씩 가까이 대지를 향해 움직였다.
대지에 들어서게 되는 건축물은 관리실, 전기설비동, 권양기실 등이 있는데, 홍수위를 고려하여 지상에서 이격되어 설치되는 건물들은 배수갑문의 특성상 일렬로 나열되므로 개별 건축물의 특성보다는 전체가 하나의 경관시설물로 보일 것이라 판단된다.

경기도 평택시와 충남 아산시 사이에, 바다와 호 사이에, 그리고 기존 배수갑문과 신설 배수갑문 사이에 위치하는 대지는 두 가지 상황의 경계에 있다. 이를 반영이라도 하듯 호 관리사무소에도 전망이라는 기능이 추가되어 있었다. 건물이 들어설 위치에서 지그시 눈을 감아 보면 바람 한 점 없는 바다는 잔잔하기만 하다. 하지만 비가 오고 태풍이 불면 180도 표정을 바꿔 요동치는 것이 바다의 본성일 것이다.
평상시에는 해수의 유입을 차단하고, 홍수 시에는 육지의 물을 바다로 내보내기도 하는 배수갑문의 기능 또한 바다와 마찬가지로 양면성을 지니고 있다. 이렇게 물을 머금고 또 뿜어내는 기능은 어찌 보면 고래와 비슷하지 않은가? 관리사무소와 권양기실 등의 건축물은 바다 측에서는 거리가 멀어 전체의 형상이 흐릿하게 보이고, 인근 보트장, 국도 37호선, 방조제를 지나가는 차량 등과 같이 낮은 위치에서는 새로이 생기는 건축물들이 자연스레 최상부의 일부만 보이게 될 것이다.

Elevation

정면도

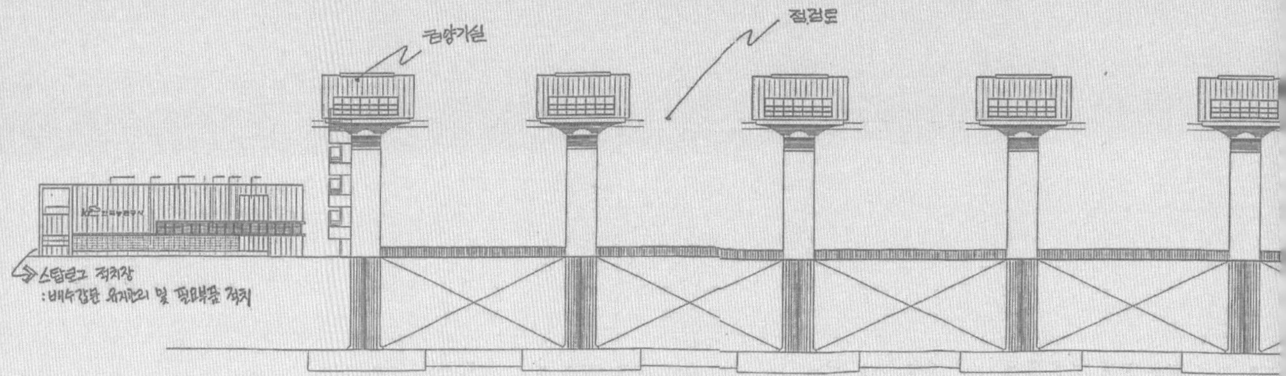

현장을 조사한 뒤, 본 프로젝트가 추구하는 목적과 건축물들의 기능을 컨셉과 연계시켜야겠다는 생각이 들어, 혹시 놓친 것이 있지는 않을까 고민하면서 꼼꼼히 건물의 기능과 성격을 분석하기 시작했다.

먼저 시설물의 기능과 물의 속성을 연계시켜 보니, 살아 있는 바다와 숨쉬는 연안이 조화를 이루는 모습이 머릿속에 그려졌다. 그 다음 자연 위에 세워질 건축물들의 모습이 마치 바다에서 머리를 내미는 고래의 모습과 겹쳐 보였다. 자연은 바다이고, 생겨날 프로그램들은 고래인 셈이다. 관리사무소는 어미고래, 권양기실은 새끼고래 정도 되지 않을까?

떠오른 아이디어들을 스케치와 매스로 정리하기 시작했는데, 문득 스쳐 지나갔던 느낌과 매치되는 이미지들이 나타나지 않았다. 이럴 경우에는 밤을 새워 고민해 보지만, 순간의 영감이 현실화되는 과정은 그리 순탄치 않다.

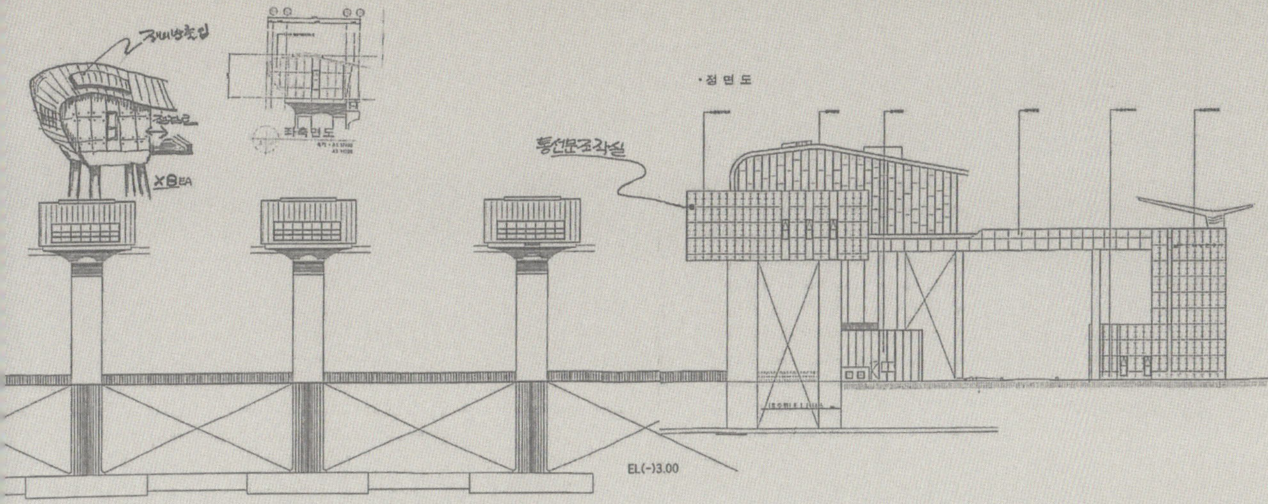

방조제 도로 위에서 바라본 입면

크리에이티브와 이노베이션

유병률 기자의 「딜리셔스 샌드위치」에서는 창의와 혁신을 다음과 같이 표현한다.
"우리는 흔히 크리에이티브와 이노베이션은 번뜩이는 재기에서 나온다고 믿고 싶어 한다. 그러나 순간적이고 번뜩이는 영감은 크리에이티브나 이노베이션과 상관이 없다. 이노베이션은 진부한 일상 안에 들어 있는 흥미로움에 대해 아주 작지만 서서히 영감을 쌓아가고 축적하는 과정이다."
에디슨이 전구를 발명한 후 기자가 2천 번의 실패에 대한 고충을 묻자 에디슨은 다음과 같이 대답한다.
"나는 지금까지 실패한 것이 아니라 2천 번의 과정을 통해 성공에 이르렀다."
창의와 혁신은 한 순간에 떠오르는 영감이 아니다. 그것은 마치 먼지가 쌓이듯 아주 서서히 축적되어가는 과정이다. 영감이 스스로 다가오지 않는다. 우리가 적극적으로 다가설 때만 만날 수 있는 것이다. 무언가를 하고 싶다는 전율을 느꼈을 당시의 열정을 항상 간직한다면, 어떤 시련을 겪더라도 성공할 수 있으리라 확신한다.

part 3

통합하는 능력을 키워라

영등포 교정시설 신축 및 이적지 개발 PF사업

은평 뉴타운 상림초등학교외 4개 교

익산 시립 모현도서관 민간투자사업

건축가는 각기 다른 분야의 전문가들을 총괄하여
통합하는 능력이 필요하다고 생각한다.
이는 프로젝트를 담당하는 PM이 갖춰야 할 가장
중요한 역할이며, 프로젝트를 성공적으로 수행하기
위해서는 건축, 인테리어, 조경, 토목, 기계, 전기
등 각 분야의 전문성을 인정하고 적정한 범위에서
조정하면서 법규, 성과요구수준서, 공사비 등 주어진
각종 제약들 속에서 최선의 해답을 찾아내야 한다.
즉, 그 분야에 집중해서 지식과 노하우를 축적해
온 전문가 이상으로 실력을 쌓기는 힘들기 때문에,
각 분야별 전문성을 인정한 후 전체를 통합하여
파악하고, 디자인을 결정해나가야 한다.

영등포 교정시설 신축 및 이적지 개발 PF사업

발주처 | 한국토지공사

client | ㅇㅇ개발

설계년도 | 2008.01~02

건축디자인은 워낙 다양한 공간들을 다루는 일이다 보니, 같은 종류의 프로젝트를 여러 번 반복적으로 진행할 기회가 흔치 않다. 그렇기 때문에 다양한 프로젝트를 진행하고 있다는 흥미로움은 있지만, 치열한 경쟁 상황에서 언제나 새로운 것을 접해야 한다는 부담감도 갖게 된다. 설 연휴 하루 전날 사업 시작을 알게 된 이 프로젝트도 특별한 경우였다.
기존의 개발사업은 소규모 분할 매각으로 난개발을 야기하며 대형 전략시설의 유치가 어려운 반면, 본 프로젝트와 같은 공공-민간 합동형 PF사업*의 경우 주민편의시설을 적기에 건립할 수 있고 시민을 위한 다양한 공공 공간의 확보가 가능하다.

* 은행 등 금융기관이 사회간접자본 등 특정사업의 사업성과 장래의 현금흐름을 보고 자금을 지원하는 금융기법

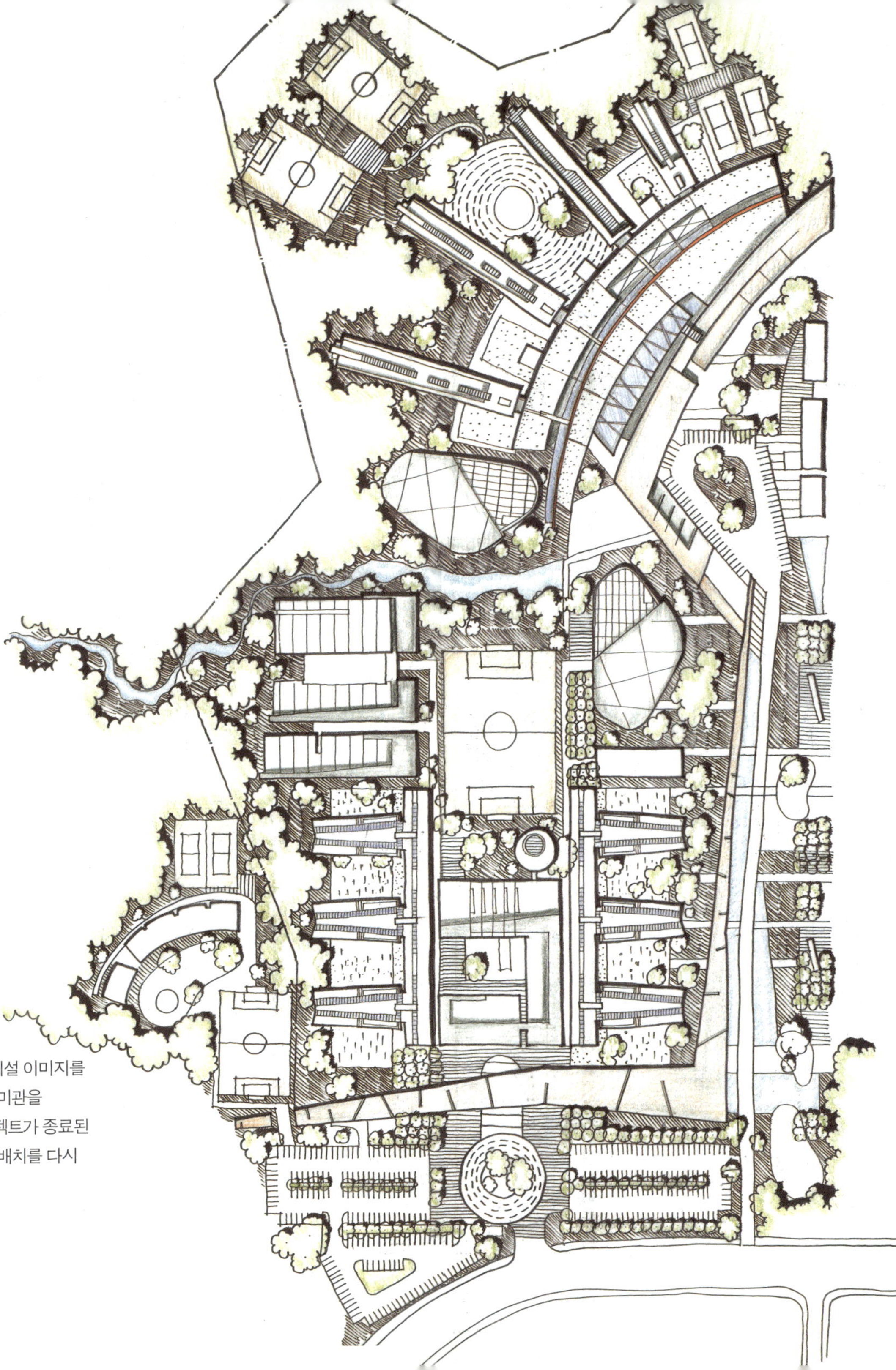

기피시설로서의 교정시설 이미지를
탈피하고 주변 경관과 미관을
고려한 계획으로 프로젝트가 종료된
후 장단점을 분석하며 배치를 다시
그려보았다.

교도소 및 구치소가 이전할
구로구 천왕동 부지

기존 영등포 교도소와 구치소가
있던 자리로 공동주택 및
주상복합시설이 들어설
예정이다.

본 사업은 영등포 교도소 및 구치소가 서울시 구로구 천왕동 120번지 일대 229,100m^2의 부지로 이전·신축되면서, 원부지인 서울시 구로구 고척동 100번지 일원의 100,652m^2를 주상복합단지로 개발하는 프로젝트이다. 교정시설(교도소 및 구치소)은 재소자의 마음을 치유하고 건강한 정신과 마음으로 세상에 나갈 수 있게 도와주는 곳이어야 한며 교정시설이 이전하고 난 자리에 들어설 도시도 사회적, 시간적 배경에 의해 없어지고 다시 지어지는 것을 통해 과거의 흔적을 기억하고 미래의 비전을 만드는 곳이어야 한다는 상상으로 프로젝트를 시작하게 되었다.
두 개의 봉우리가 대지의 절반가량 차지하는 경사지에 위치한 대체교정시설 부지는 표고 12~71m의 서고동저형 지형으로 서측 도시자연공원과 연계된 지역에 40% 이상의 경사지가 약 12% 정도 분포하고 있다. 교정시설은 대지 북동측으로 개발 예정인 근린공원을 사이에 두고 천왕도시개발사업지구가 들어설 예정인데, 교정시설의 특성상 외부 시각이 최대한 차단될 수 있는 완충(차폐)공간을 확보하고, 주민친화적이면서 현대적인 교정시설 이미지를 제고할 수 있는 프로그램을 요구하고 있었다.

프로젝트의 목적

영등포 교정시설을 신축, 이전하고 이적지를 복합적으로 개발함으로써

- 토지이용의 합리화, 도시기능의 증진 및 도시미관 개선
- 지역주민의 복지와 편의를 도모하고 지역 발전을 선도하여 구로구의 균형적 발전 도모
- 지역의 부족기능과 필요시설의 도입으로 지역 생활권 중심기능 육성 및 개발잠재력 활용
- 노후한 교정시설의 적기 이전 및 현대화를 통한 교정행정의 선진화 도모

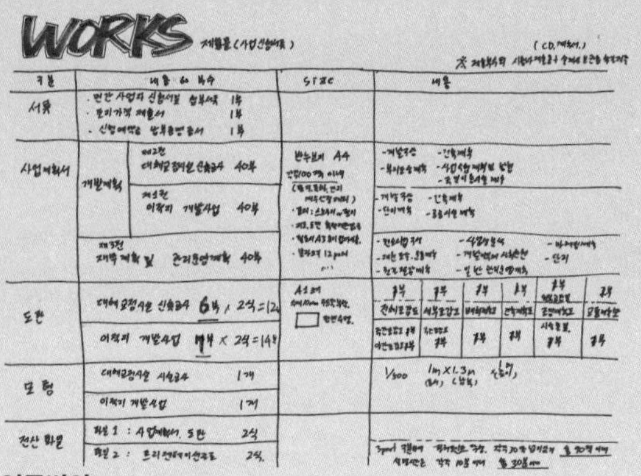

업무범위

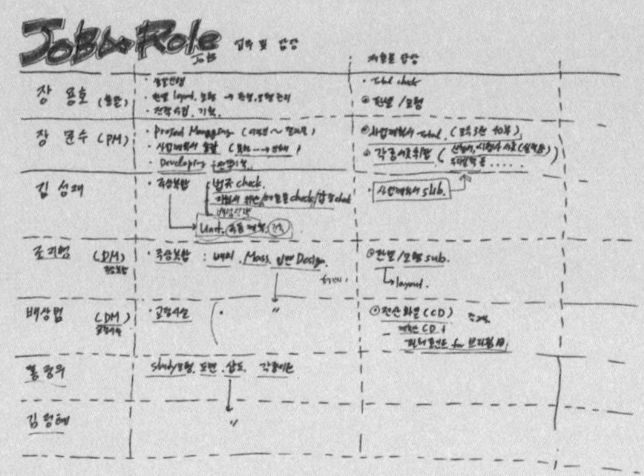

업무담당

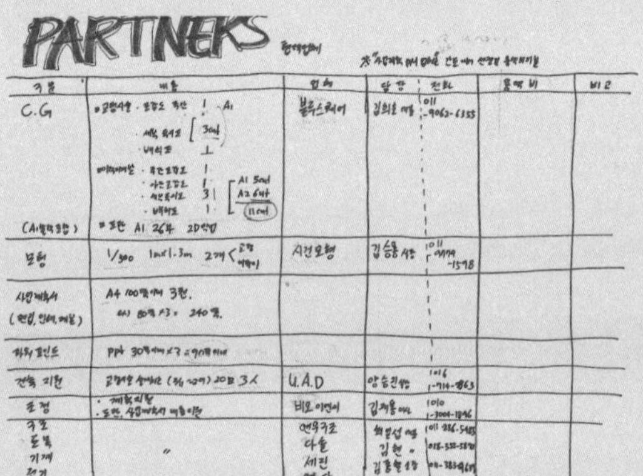

파트너

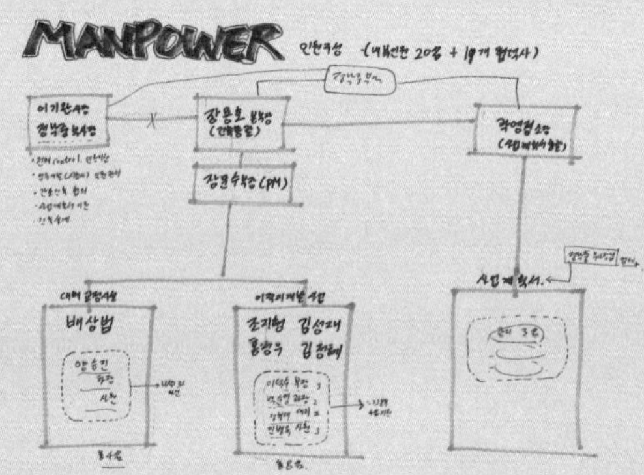

인원

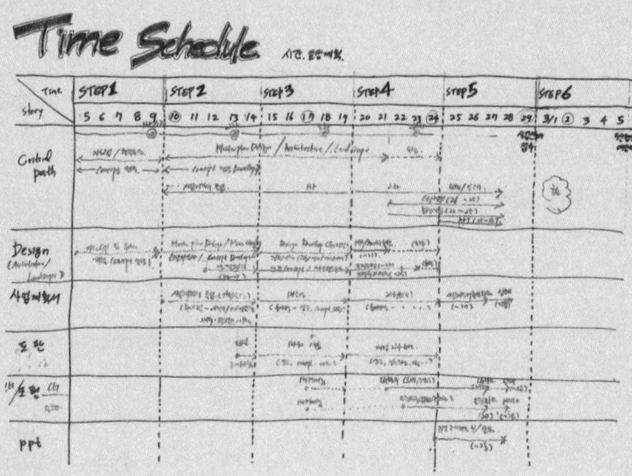

일정

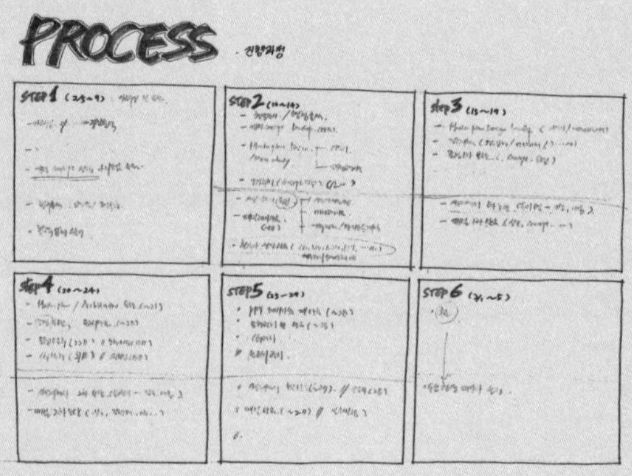

프로세스

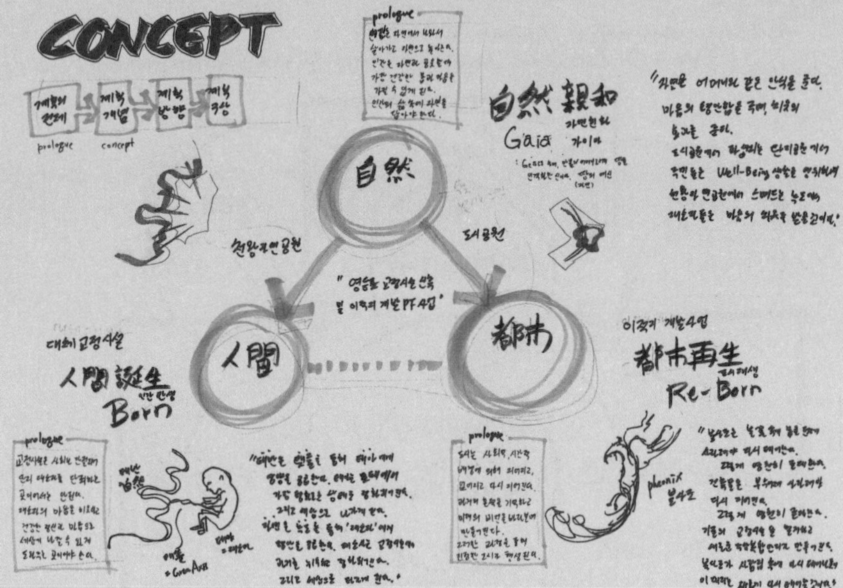

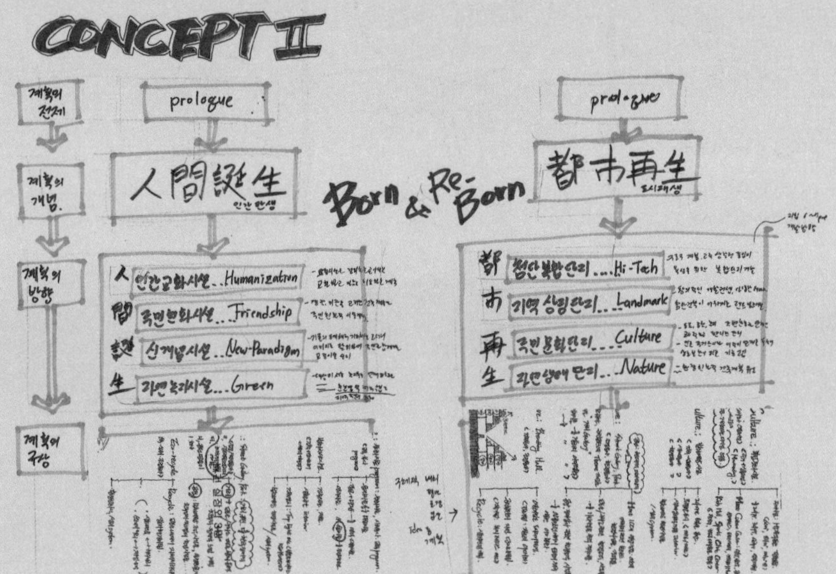

컨셉 | 프로젝트가 본격적으로 시작되기 전 PM은 Time, Cost, Manpower를 점검하고 업무범위와 세부진행일정을 검토해야 한다. 상기 업무계획과 컨셉에 대한 내용은 프로젝트를 총괄했던 장용호 본부장의 글과 스케치이다.

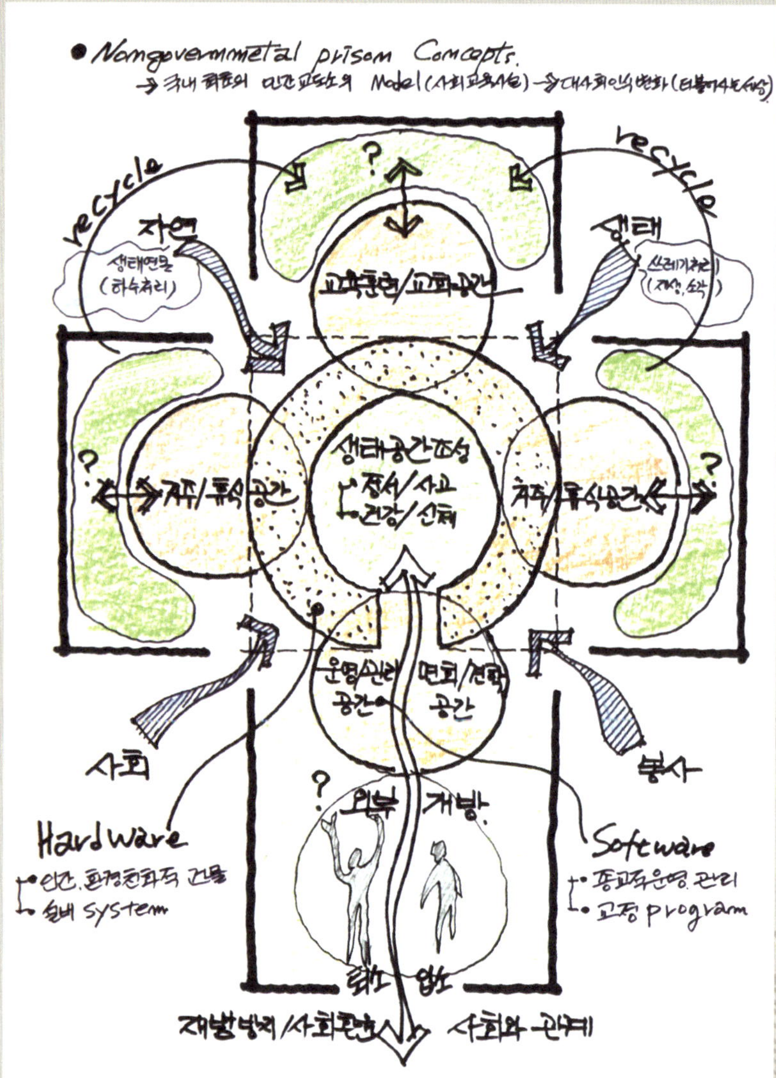

이기완 대표가 정리한 교정시설 계획개념

일반 건축물과 달리 교정시설 계획에 있어서는 다음과 같은 사항이 별도로 체크되어야 한다.

배치계획

- 대지 형태에 맞는 건물배치방식을 선택
  (집약형, 중정형, 클러스터형, 분산형)
- 청사시설 계획에 대한 검토
  - 주·부공간의 활용분석
  - 각 실의 외부에 면하는 개구부 유무
- 보호시설 계획에 대한 검토
  - type별 space module 체크
  - 침실 unit 내부공간 구성 및 후생공간과의 연계성

외부공간 및 동선계획

- 진입에 대한 검토
  - 수용자 approach (입출소)
  - 변호사, 직원, 견학자, 자원봉사자
  - 주방, 쓰레기, 서비스 동선
  - 차량 접근성 고려 (main, service)
  - 내부 및 외부 담장처리 및 보안방법 검토

청사동(운영관리동)

- 변호사 접견실 및 대기실 : 보호동 면회시설과의 연계성 확보와 변호사 동선계획 고려
- 종교실 : 보호동 수요자의 사용이라면 보호동 교육실과의 연계성 확보와 종교실의 운영계획 및 인솔관리방법 검토
- 심사과 사무실 : 위반조사실 및 기타실과의 연계성 확보
- 집행과 사무실 : 요구 space program상 기록, 물품, 문서보관실 및 기타실과의 연계성 확보
- 민원실 : 민원실 외래 방문자의 동선 및 별도 출입구 설치여부 검토
- 소장실 및 부소장실 : 대회의실, 소회의실, 기타실과의 연계성 검토

보호동

- 혼거보호실 : 수용자 남녀 구분 검토 및 필요하다면 수용인원 남녀비율 체크 (층별 구분사용 고려여부)
- 독거실 : 식사 배식방식 체크
- 면회접수실, 접견대합실, 접견실, 접견 전·후대기실 : 청사동 민원실과의 연계성 확보 및 수용자 및 면회자의 대면방식 체크
- 매점 : 청사동 민원실과의 연계성 검토
- 휴대물 영치창고 : 입·퇴소자의 수거, 반납방식 체크
- 신체검사실 : 의무관련 시설과의 연계성 확보
- 경비실 : 혼거보호실과의 연계성 확보
- 의무관련시설 : 의무시설 내 수용자 감시방법 검토
- 분배실 : 분배 물건의 종류 및 반입, 분배과정 체크
- 직원 식당, 주방 : 수용자 식당, 주방과 분리 별도설치 운영여부 검토
- 수용자 식당, 주방 : 배식·퇴식 방법 검토 (수용자이동방식, 배송투입방식)

배치대안 1 | 지형에 순응하는 방사형 주벽형태로 관리인원의 최소화를 위한 주벽경계부에 대한 검토가 필요

배치대안 2 | 교도소와 구치소의 독립성이 확보되었으나 외부공간이 상대적으로 부족

배치대안 3 | 기존 교도소와 구치소에서 벗어나 환경친화적 기능 및 조형성을 강조하였으나 동별 간격이 넓어 연계성 미확보

조경협력사인 비오이엔씨의 초기개념 스케치

교정시설 내부로 구릉지 녹지를 유입하여 시설 내 환경을 정화하고
교정동과 동 사이 치유정원 및 텃밭을 조성하여 자연을 통한
치유환경을 조성하자는 조경 개념스케치와 CG작업이미지이다.

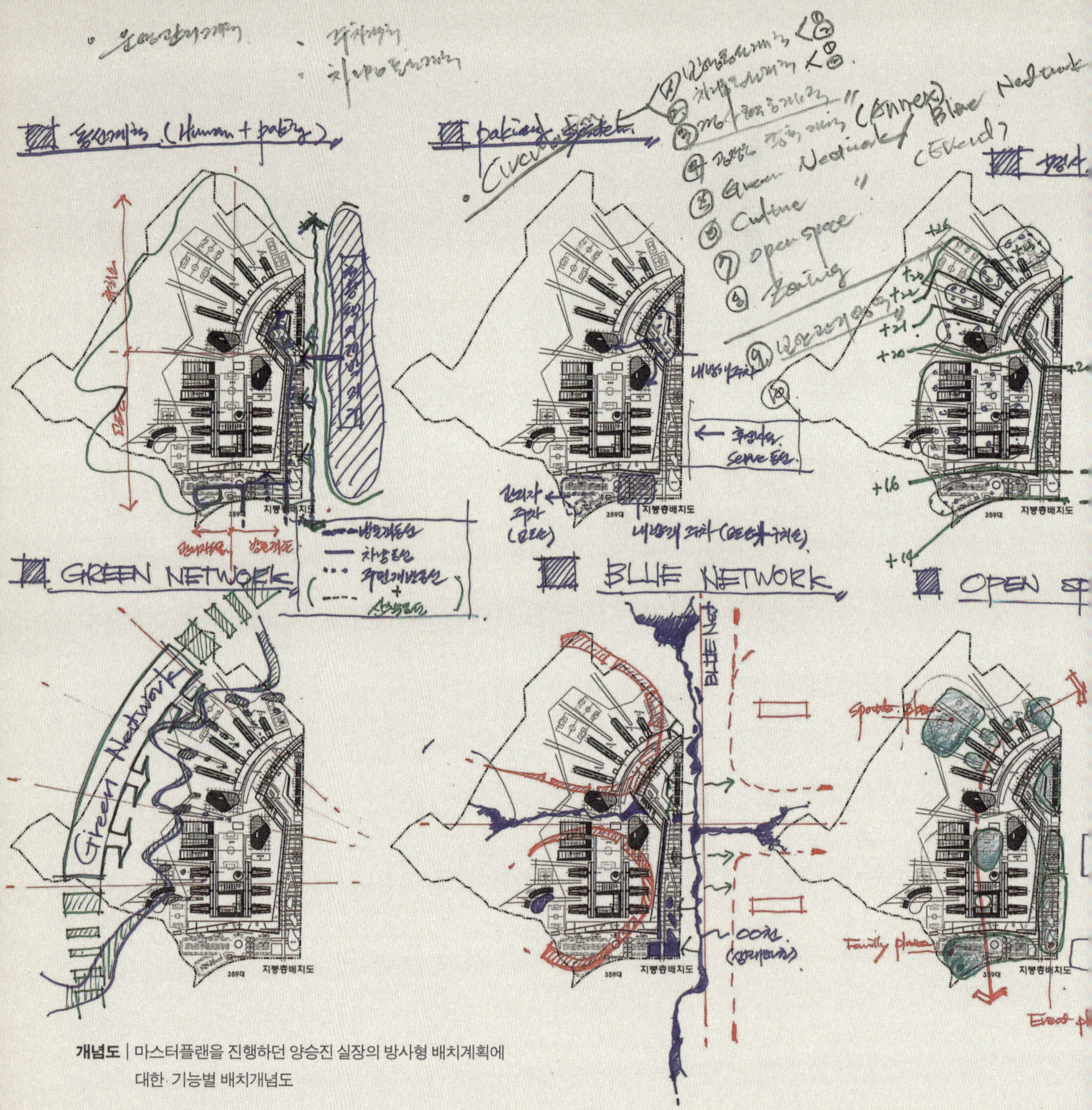

개념도 | 마스터플랜을 진행하던 양승진 실장의 방사형 배치계획에 대한·기능별 배치개념도

두 가지 성격의 건축물을 각각의 부지에 계획해야 하기 때문에 인원도 두 팀으로 나누어 진행하였는데, 필자는 프로젝트에 신규로 참여하게 된 3명의 멤버와 함께 대체교정시설을, 성우예건축 8명의 멤버들은 이적지 개발사업에 투입되었다.

필자는 이기완 대표의 안을 발전시켜 교도소와 구치소가 대칭으로 이루어 각각의 독립화와 일체화를 강조시킨 안을 제안하였고, 양승진 실장은 지형과 어울리는 방사형 주벽형태의 배치를 제안하였다. 필자의 제안이 기능적인 면에 충실한 반면, 두 번째 안은 지형과의 조화에 충실한 것이었다. 논의 결과 두 번째 안을 발전시켜 진행하기로 결정되었다.

교도소와 구치소는 기능상 유사하지만 각각의 독립성이 보존되어야 하고, 공간 활용의 측면에서도 효율성이 중요시된다. 이 점을 염두에 두고 교도소는 기능성을 고려한 배치형태로 계획하였고, 구치소는 수용동들이 단지 깊숙이 녹지대를 향하고 있어 자연의 기운을 공급받는 형태로 계획되었다. 남동쪽으로 길게 이어지면서 구치소와 교도소를 잇는 주벽동은 주민 접근성을 위해 아트월artwall로 디자인하여 교도소에 대한 거부감을 최소화하였다.

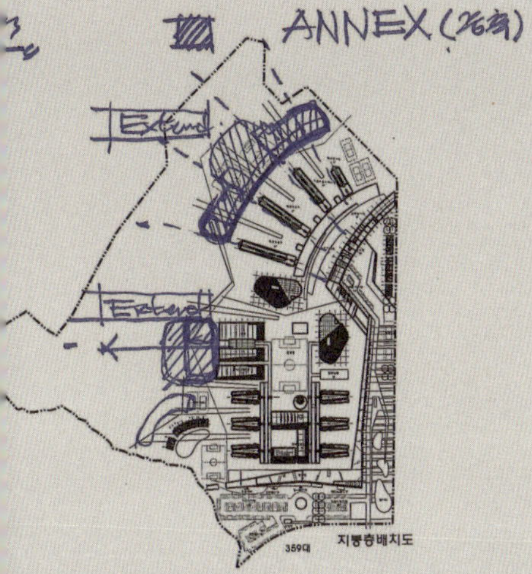

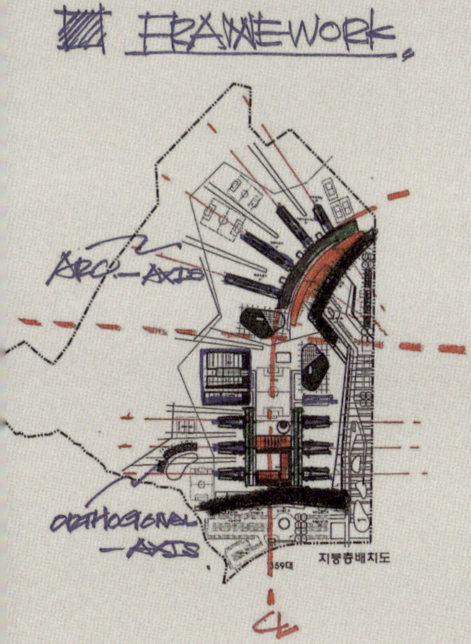

대체교정시설의 개발방향

- 기존의 폐쇄적인 기피 시설로서의 이미지에서 탈피하여 주민과 함께 하는 교정시설 계획
- 경관과 미관을 고려한 건축계획 및 주민 친화적인 시설계획 수립
- 대상지 서측 천왕도시자연공원과 연계하여 녹지축을 연결할 수 있도록 녹지공간 조성 및 동측의 천왕 도시개발사업지구를 차폐할 수 있는 녹지계획 필요
- 기존 녹지의 최대한 보전 및 자연지형에 순응하는 토공 설계로 친환경적 계획 수립 및 지역 주민의 활용성 제고 방안 도입

영등포교정시설 모형

전체조감도

외부보행로 전경

주벽동

은평 뉴타운 상림초등학교외 4개교

발주처 | 서울시교육청
client | 서해건설
설계년도 | 2006.10~12

아직 어느 한 종류의 프로젝트에 대해 전문가라고 할 만큼 많은 경험이 있는 것도 아니었고 더군다나 학교 프로젝트는 이때가 처음이었다. 학교의 경우, 특히나 초등학교는 중·고등학교와 달리 저학년과 중학년 그리고 고학년으로 나뉘어 조닝zoning되고, 난간 등에 대한 기준도 강화되며, 유치원을 별도 조닝으로 계획해야 한다는 점에서 약간의 차이점이 있다.

본 프로젝트는 3개 학교에 대한 BTL방식의 신축설계와 1개 중·고등학교에 대한 VE Value Engineering* 설계가 500억이 넘는 공사비인 당시 꽤 큰 규모로 번들링되어 고시된 프로젝트였다. 의정부에 위치한 가향건축과 함께 설계 컨소시엄을 구성하였고, 필자와 네 명의 직원이 합동사무실로 파견되어 신축설계를 담당하게 되었다. 완공된 상림초등학교는 은진초등학교로, 발산고등학교는 수명고등학교로 명칭이 각각 변경되었다.

* 건축물의 설계부터 시공에 이르는 전과정에서 원가절감과 품질향상을 위한 일련의 모든 활동을 말하는 것으로 설계도서의 검토, 적합한 공법의 제안 및 선정, 올바른 시스템의 적용 등을 통하여 문제해결 방법을 제공하는 역할을 한다.

은평 뉴타운 2지구에 위치한 상림초등학교

신축되는 학교가 각각 은평 뉴타운, 강일 택지개발지구, 발산 택지개발지구 내에 위치하게 되므로 상위계획에 대한 검토를 통해 단지 계획에 순응하도록 방향을 정하였다. 상위계획인 단지 마스터플랜이 학교 부지를 열린 공간이나 녹지 개념 정도로 설정하고 계획을 진행한 것으로 판단되었기 때문에 주변 아파트 배치에 대한 고려와 전체 단지 컨셉과의 순응에 중점을 두었다.

인원을 나누고, 팀별로 담당할 학교의 현장을 방문하였는데 택지개발지구가 모두 공사 중이었기 때문에 주변 아파트 공사가 어느 정도 진행 중이었던 발산고등학교를 제외하고는 도면을 통해 주변 현황을 짐작할 수밖에 없었다. 그리하여 학교별 계획안에 대한 매스스터디를 하면서 프로젝트를 진행하게 되었다. 상림초등학교는 성우예건축, 강일고등학교는 가향건축에서 기본계획을 담당하고, 발산고등학교의 경우 명지대학교 김혜정 교수의 기본계획 연구를 바탕으로 조닝에 대한 개선사항을 논의하였다.

상림초등학교의 경우 다양한 배치안을 제안하였는데, 그중 H형과 핑거형 타입이 최종 제시안으로 남게 되었다. 대지의 주변 상황과 진출입을 고려하여 필자가 제안한 핑거형의 배치가 선택되었고, 필자는 도집 공통사항 및 학교별 레이아웃을 목업하여 학교별 담당자들에게 전달하고, 상림초등학교 배치와 평면에 대한 사항을 진행하였다. BTL의 경우 설계와 함께 시공 및 공정계획까지 검토하는 과정은 턴키와 유사하지만 운영 및 유지보수비용까지 고려해야 한다는 점에서 턴키설계와는 차이가 있다.

설계를 진행하면서 항상 느끼는 바가 몇 가지 있다.

첫째 | 객관적으로 납득할 수 있는 논리를 펼쳐라.
이때 스스로의 계획에만 집착한 나머지 누구의 공감도 얻지 못하고,
내용만 장황하게 나열하는 궤변이 되는 것을 조심해야 한다.

둘째 | 결정을 제때에 하라.
경쟁설계의 시급한 상황 속에서 신속하고 정확한 결단력은 프로젝트의 질을 높이는 데 매우 중요한 역할을 한다. 중요한 시점에서 디자인에 대한 결정이 미뤄진다면 그것은 프로젝트 전체의 질 저하로 이어지기 때문이다.

셋째 | 일관성을 유지하라.
대지를 분석하고, 검토한 내용들이 컨셉 및 계획에 일관성 있게 반영되어야 한다.
분석한 내용이 계획에 반영되지 않고 보고서에만 기재되는 것은 시간낭비만 초래할 뿐이다.

은평 뉴타운 2지구

강일 택지개발지구

발산 택지개발지구

발산고등학교 배치도

발산고등학교 조감도

강일고등학교 배치도

강일고등학교 조감도

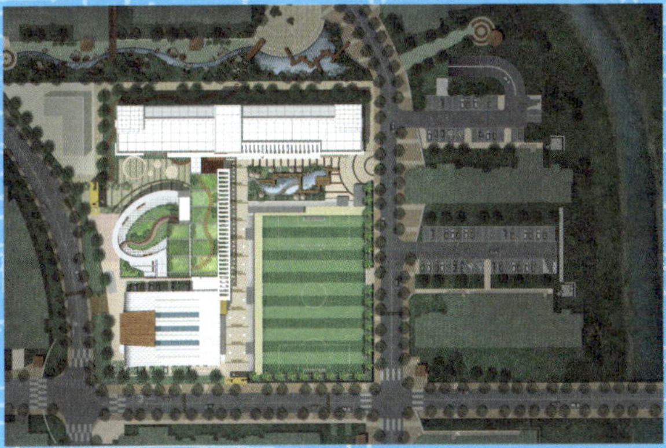

상림초등학교 배치도

상림초등학교 조감도

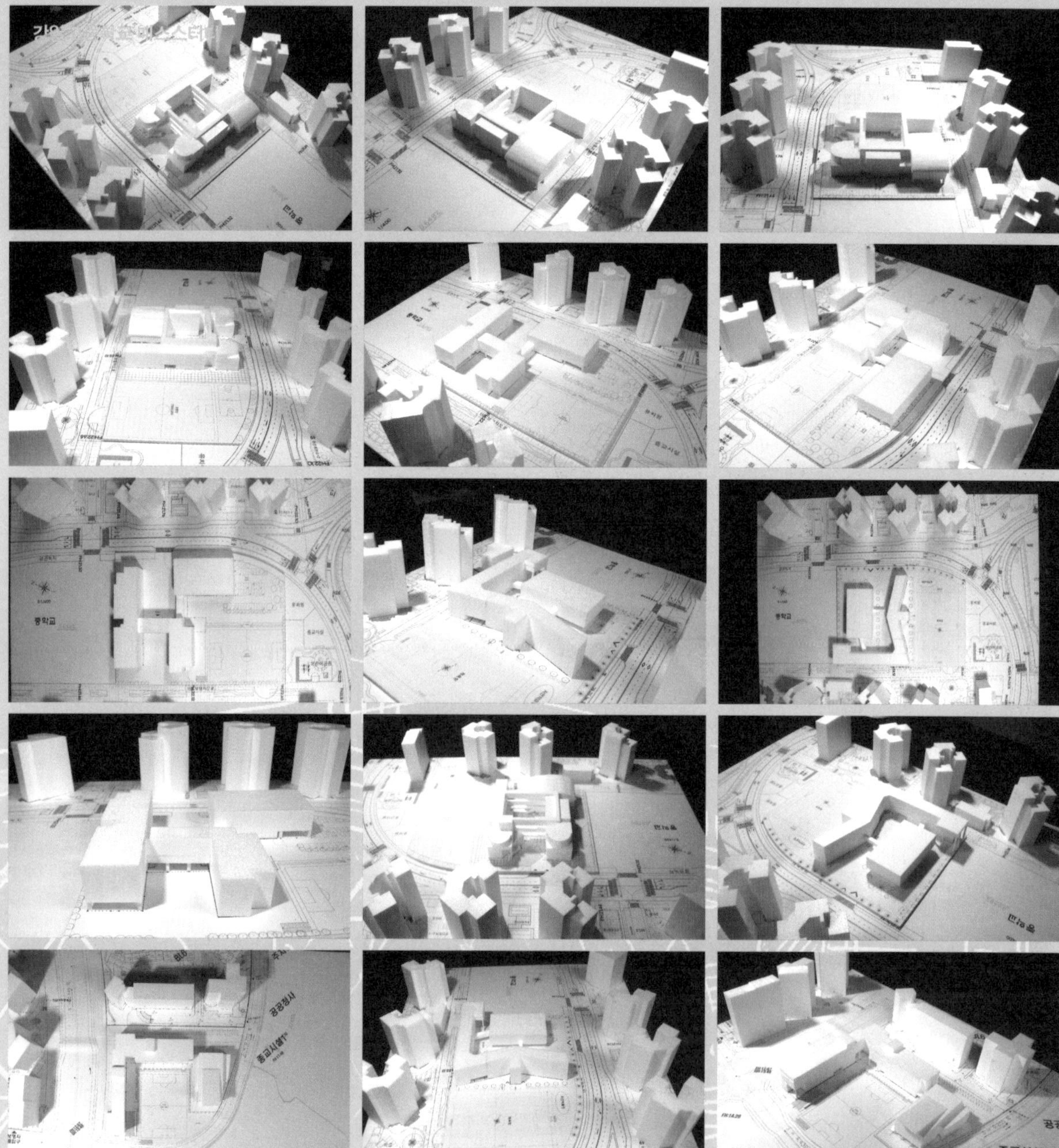

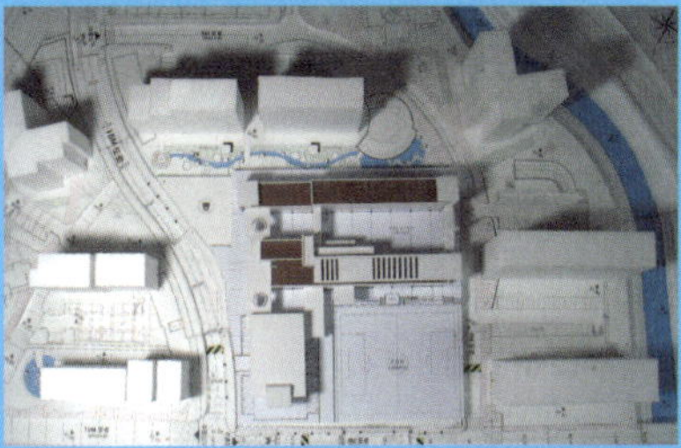
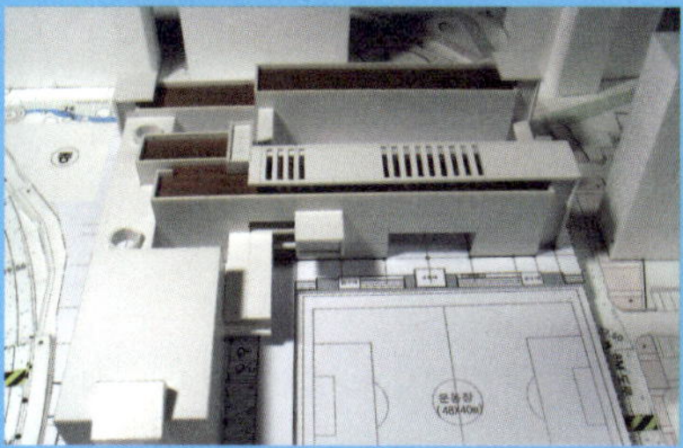
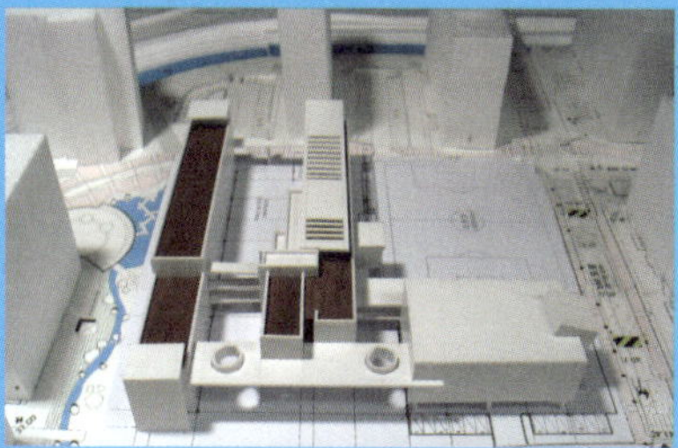
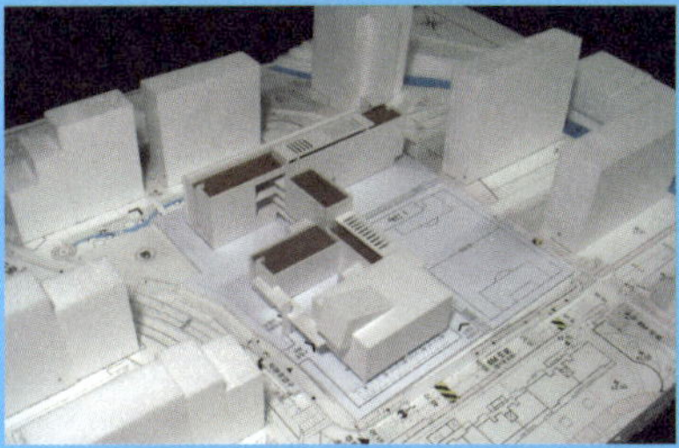

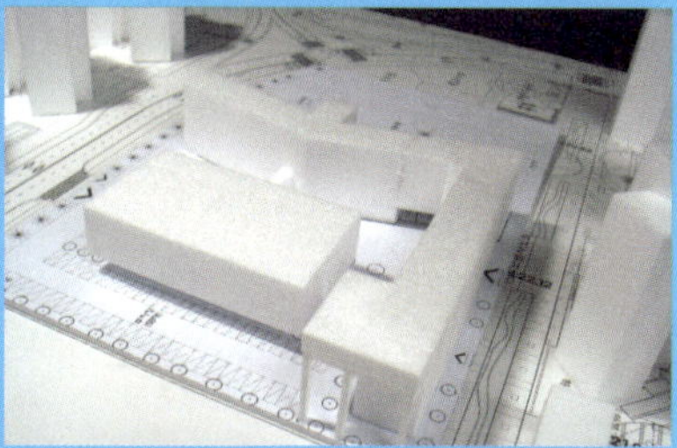

상림초등학교 매스스터디

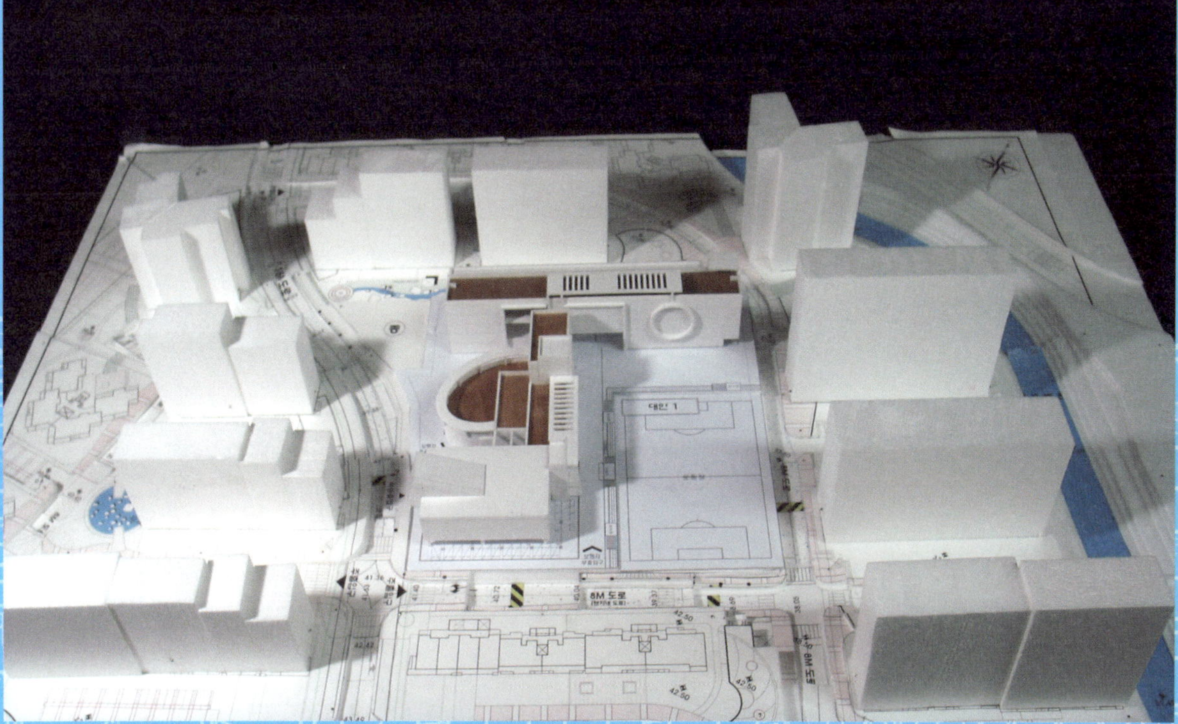

최근 설계의 트렌드인 혼류와 통섭Interflow and Consilience은 경계를 허무는 움직임 그리고 통합하는 움직임을 뜻한다. 이제 학교 건축도 지역주민과 소통하는 '복합 커뮤니티 영역'으로 자리 잡음과 동시에 '지속가능성' 혹은 '친환경의 가치실현'에 앞장서고 있다.
수명고등학교는 초기 명지대학교 김혜정 교수의 기본계획 연구를 바탕으로 성우예건축+가향건축의 안이 민간투자사업의 방식을 통해 최종 선정되었는데 계획 초기 단계에서부터 지역과의 소통을 고려하여 설계가 진행되었고, 회랑을 통한 진입 시 상징성 확보, 중정을 통한 커뮤니티 공간의 조성, 발코니를 통한 자연과의 소통 등 건축적 개념이 적극적으로 반영되었다. 이제 학교는 교육의 기능뿐 아니라 지역 사회의 중심시설로서 개방성과 편의성을 제공할 것이라 믿어 의심치 않는다.

경력을 쌓아가면서 가장 경계해야 할 것 중 하나가 아는 것도 아니고 모르는 것도 아닌 어설픈 지식이 머릿속에 가득 차는 것이다. 오히려 특정 지식에 대해 전혀 모르고 있는 상태라면 새로운 지식으로 채울 수 있으나, 어설픈 지식을 가지고 있을 때는 그것을 고집하게 되는 것 같다. 건축가에게는 아는 것과 모르는 것에 대해 분명히 하는 자세가 필요하다.

발산 택지개발지구 내에 위치한 수명고등학교

수명고등학교 부분 컷

수명고등학교

익산 시립 모현도서관 민간투자사업

발주처 | 익산시
client | 제일건설
설계년도 | 2007.04~06

그동안 건축가의 통합하는 능력과 역할의 중요성에 대해서 많은 이야기를 해왔다. 실제로 제한된 시간time, 비용cost, 인력manpower의 범위 내에서도 건축가가 통합하는 능력만 발휘한다면 상호 협력과 디자인의 힘으로써 짧은 시간 내에도 성공적으로 프로젝트를 진행할 수 있다.

2주간의 기술교육이 끝나가던 때 본사로부터 급하게 찾는 전화를 받고 본부장을 만나게 되었는데, 놀랍게도 본부장은 프로젝트에 대한 내용을 전혀 모르고 있던 필자에게 이미 도서관 프로젝트를 맡기려고 결심하고 있었다. 교육을 마치고 사무실로 돌아와 이 소식을 듣고 난 후, 신입사원이었던 장은준 군과 함께 바로 합동사무실로 파견을 나가게 되었다. 그동안 다수의 BTL 프로젝트를 수행해온 경험 덕에 새로운 프로젝트를 수행할 기회를 얻게 된 것이다.

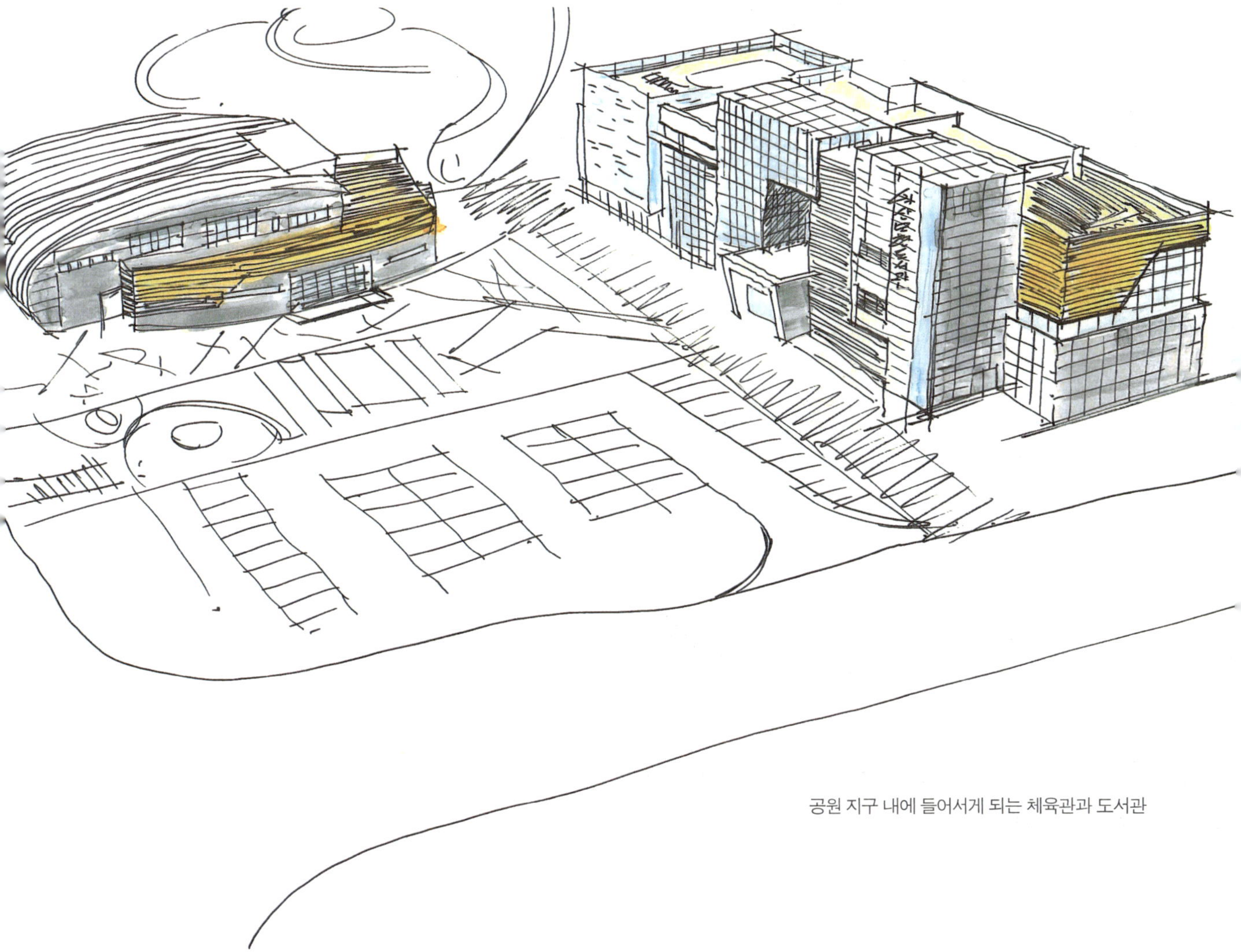

공원 지구 내에 들어서게 되는 체육관과 도서관

이진아기념도서관

광진정보도서관

익산영등도서관

도서관 사례조사 |

기존 도서관들을 돌아다니며 새로 건립되는 도서관이 나아가야 할 방향에 대해 고민하였다.

이진아기념관 |

내부 중정 외부경사로

광진정보도서관 |

가족열람실 / 간행물실

익산영등도서관 |

보존서고 / 어린이도서관

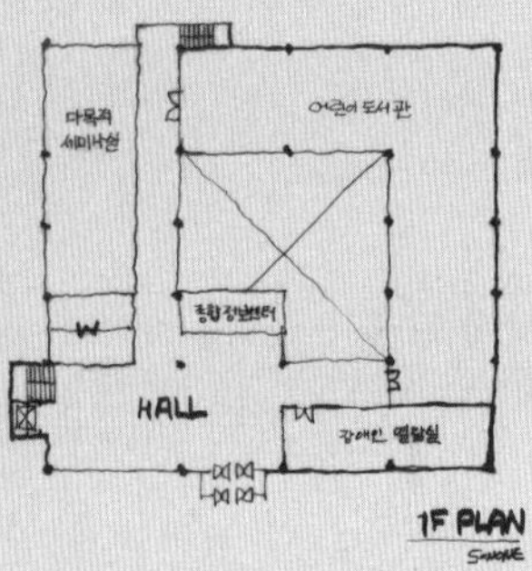

중정형 평먼

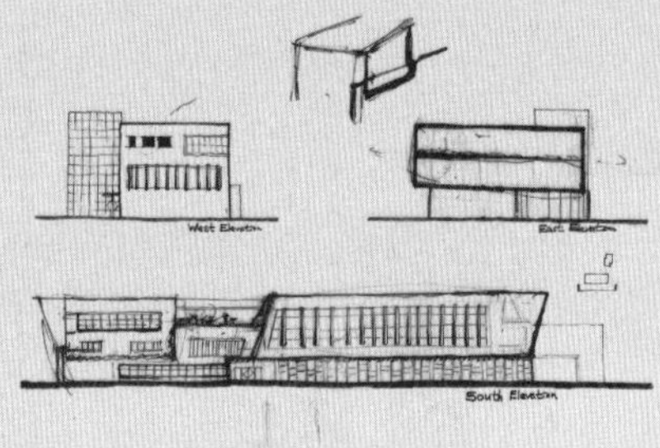

초기 입면스케치

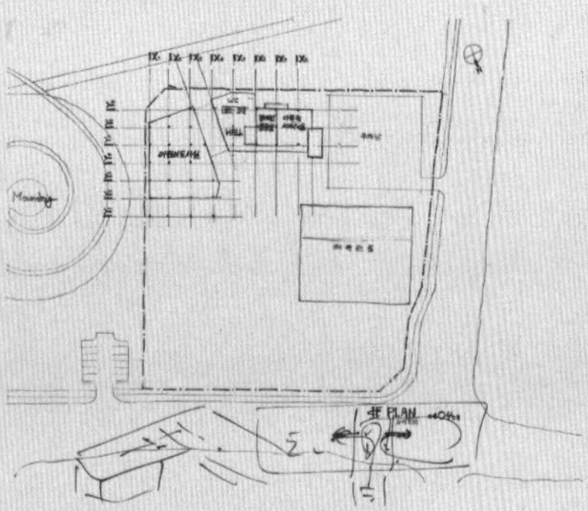

'ㄱ'자형 평면

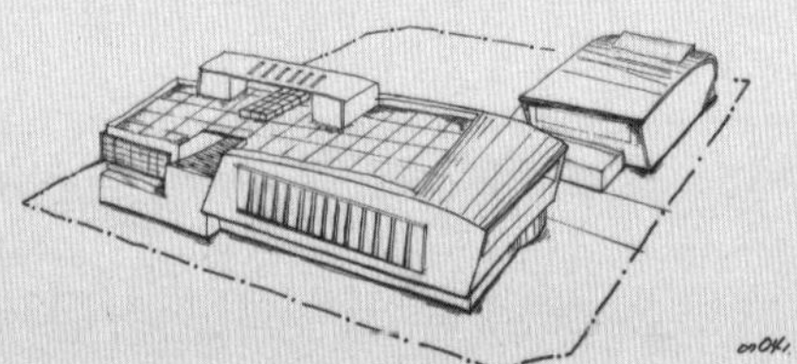

매스스케치 1

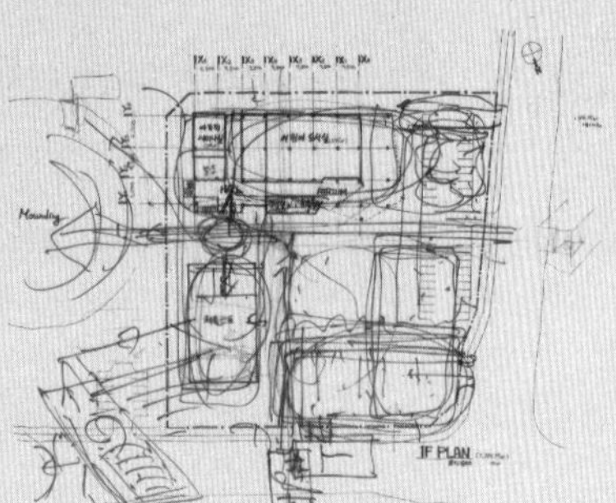

'ㅡ'자형 평면

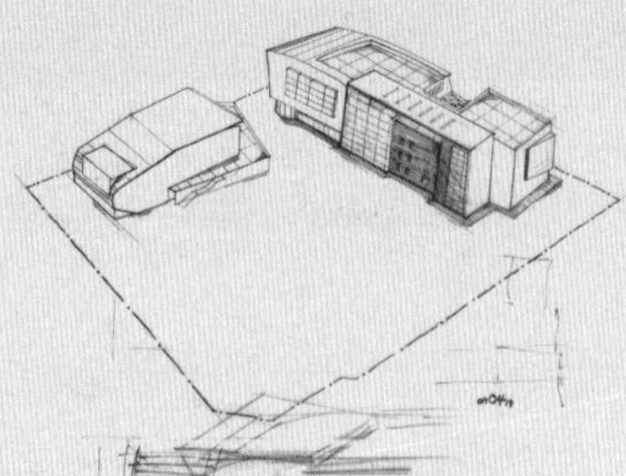

매스스케치 2

BTL이 적극적으로 도입된 지 2년째가 되어가던 이 때는 여러 업체들이 참여하고 있어 프로젝트 자체에도 디자인의 중요성이 대두되고 있었다. 그동안 진행했던 프로젝트의 경험을 바탕으로 계획 및 디자인 분야에 관련된 일들이야 필자의 힘으로 어떻게 해볼 수 있었지만 시공사, PM사, 협력업체들과의 인터페이스까지 감안한다면 필자와 신입사원만으로 구성된 맨파워로 해결하기는 불가능해 보였다. 여러 번 유사 프로젝트를 경험하긴 했지만 대부분 계획 및 디자인 분야에 전념하며 협력업체에 대한 인터페이스에 조금씩 관여한 경험이 이번에도 효과를 거둘 수 있을지는 처음부터 자신이 없었다. 그러나 컨소시엄으로 구성된 타 설계사무소에서 3명의 인원이 보강되어 파트너로서 프로젝트를 진행하게 되었고, 특히 안재욱 부장이 보여준 깊은 신뢰 덕에 기존의 프로세스대로 구체적인 일정 및 디자인 등 여러 분야에 대한 의견을 과감하게 피력해 나가기 시작했다. 당시 프로젝트를 시작하면서 가장 먼저 했던 일은 도서관과 체육관에 대한 기존의 프로젝트를 리서치research하는 일이었다. 다양한 프로젝트를 새로이 접해가는 경우에는 새로운 용도의 프로젝트를 디자인하기 위해서 계획 이론들과 함께 기존에 진행되었던 프로젝트의 장단점에 대한 분석이 필요했다. 2006년 학교 프로젝트를 처음 접했을 때 수 년 간의 자료들을 복사하며 필자가 직접 만들었던 연도별, 종류별로 분류된 두 권의 리서치북을 안재욱 부장에게 보여드린 적이 있었는데, 며칠 뒤 필자가 보여드렸던 것보다 더욱 정성을 들여서 만든 도서관과 체육관에 대한 두 권의 리서치 북을 보고 깜짝 놀랐다.

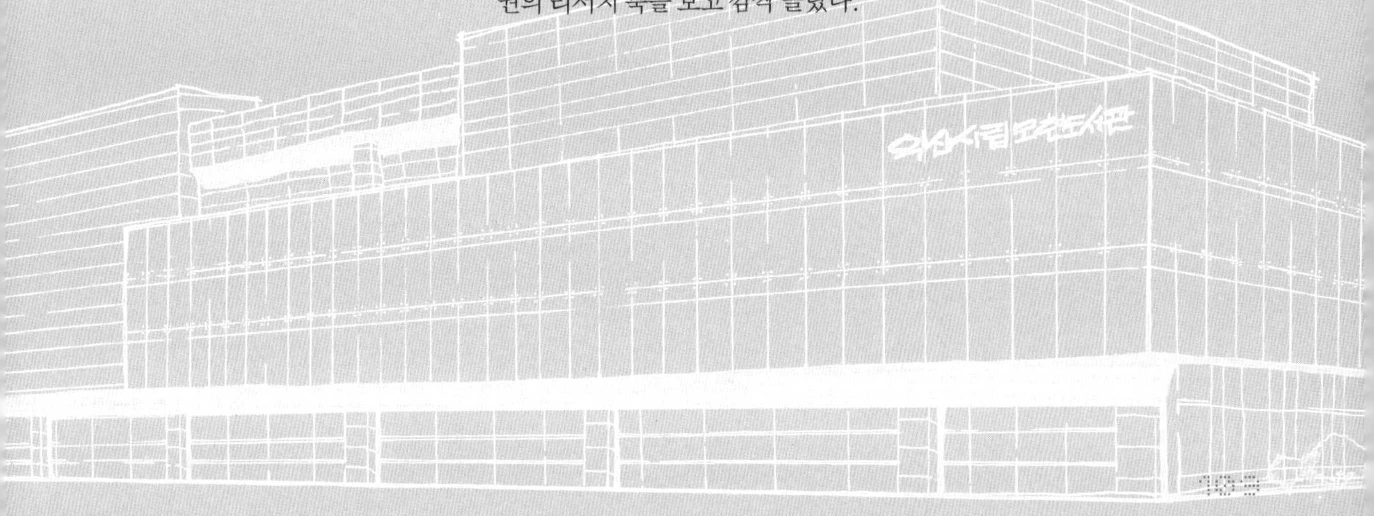

우선, 기본적으로 검토가 필요한 국계법(국토의 계획 및 이용에 관한 법)과 시 조례 외에 도시공원 및 녹지 등에 관한 법률과 도서관법을 검토하였다. 도시공원 및 녹지 등에 관한 법 시행규칙 제7조에 따라 공원면적의 6% 이하로 건폐율이 산정되고, 건축물의 높이는 도시공원 및 녹지 등에 관한 법 시행규칙 제11조 7항에 따라 3층 이하로 제한되었다. 좌석수는 도서관법 시행령 [별표1]에 따라 기준인구 30만 이상 50만 명 미만의 익산시에서는 350석 이상을 확보해야 했다.

대지 남측에 도서관, 동측에 체육관이 위치한다. 주차장이 건물 남측에서 진입할 경우 전면 진입광장이 협소해지기 때문에 진입광장과 연계한 주차장을 계획하였고, 진출입동선을 분리하였다. 또한 중앙홀을 기준으로 관리영역과 열람 및 문화, 지원영역을 분리하여 효율적인 동선계획을 세웠다.

3층 규모의 도서관은 북측 부분이 주진입에 의한 정면성을 필요로 하지만 코어부가 위치하여 입면계획 시 많은 고민을 하게 되었다. 북측 면은 수직으로 방향성을 갖는 매스의 조합, 남측 면은 수평으로 방향성을 갖는 매스의 조합으로 구성되며, 보이드 혹은 솔리드한 매스와 매스가 만나는 중간에는 의도적으로 골강판이나 목재사이딩, 수평 멀리온 등 매스를 가로지르는 선형적인 요소가 은연중에 '책의 결'과도 같은 이미지를 연출하도록 기대하였다.

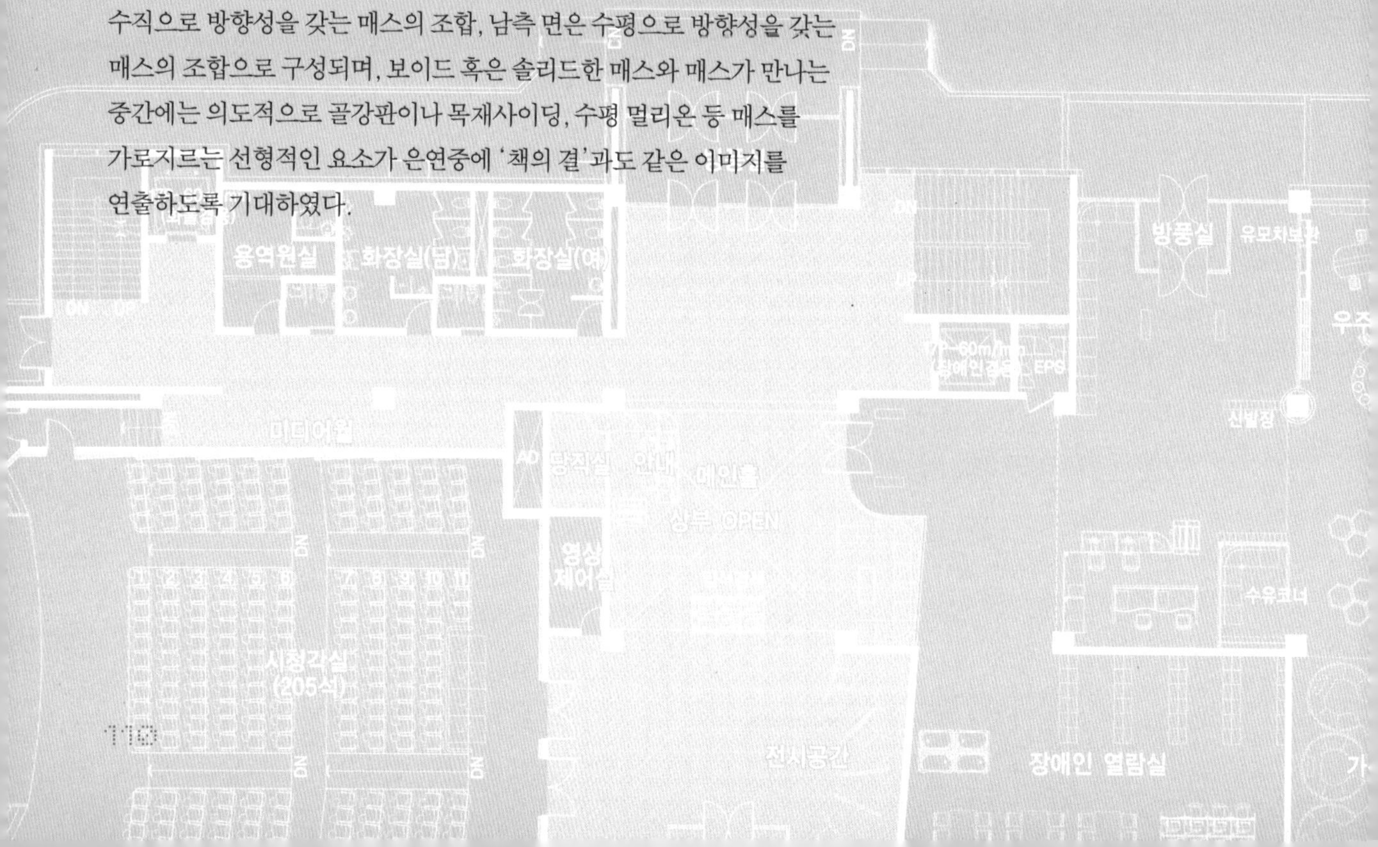

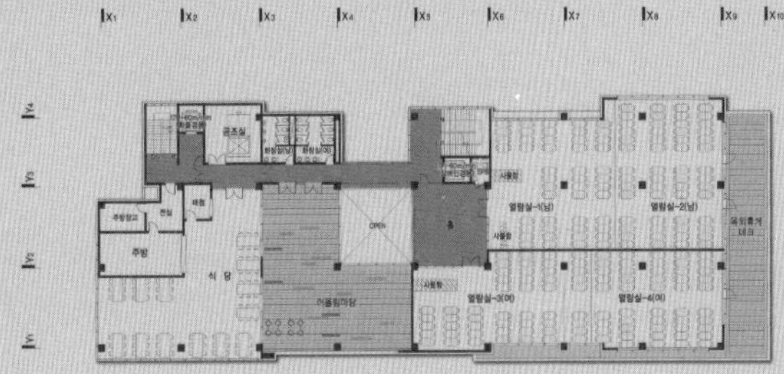

3층 평면도

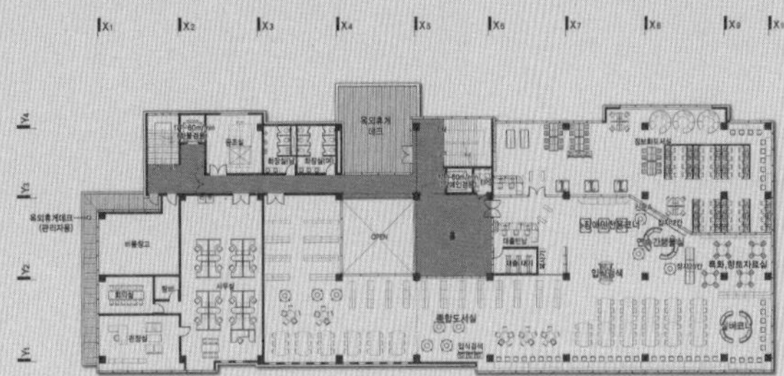

2층 평면도

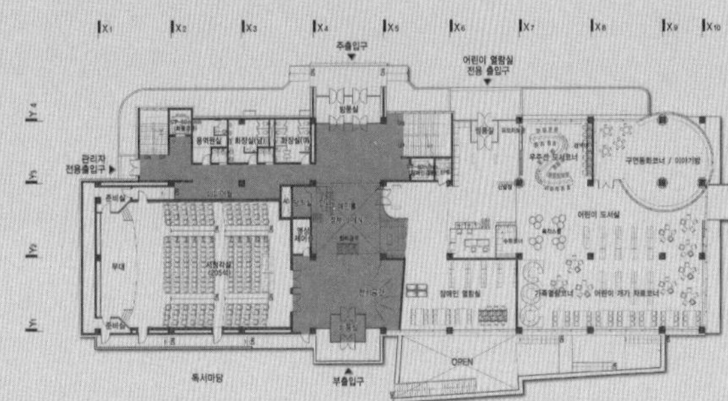

1층 평면도

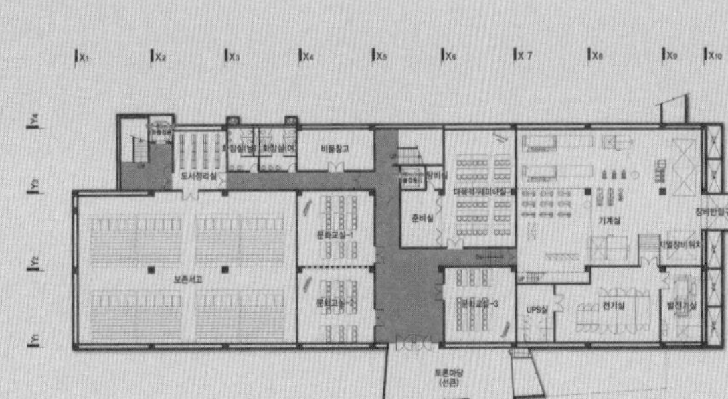

지하1층 평면도

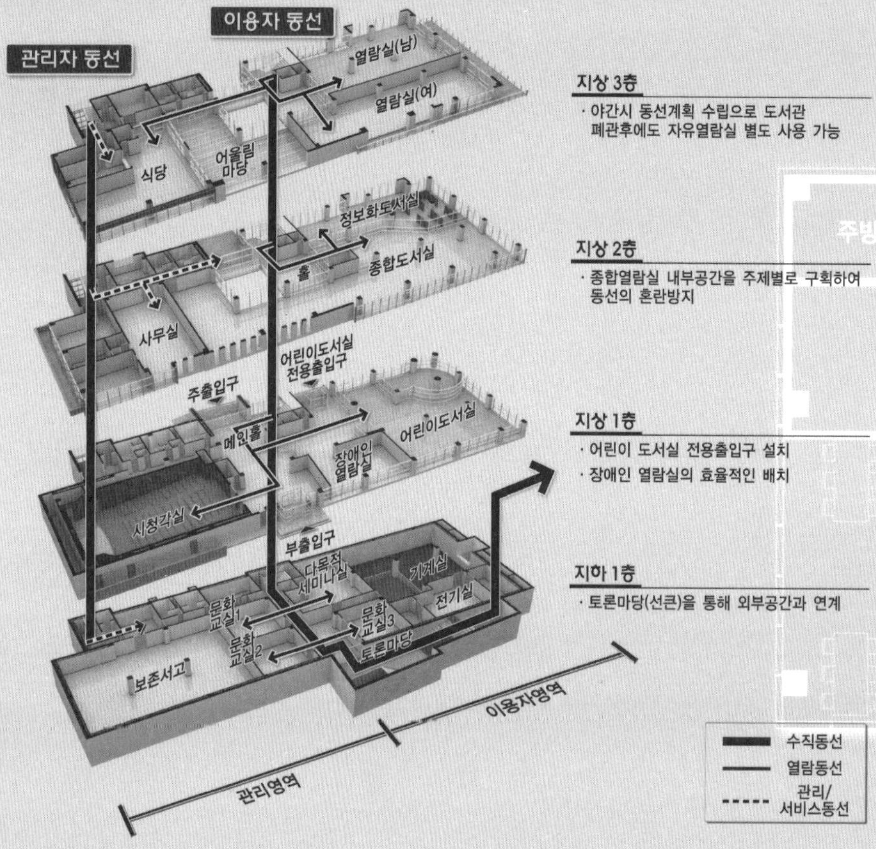

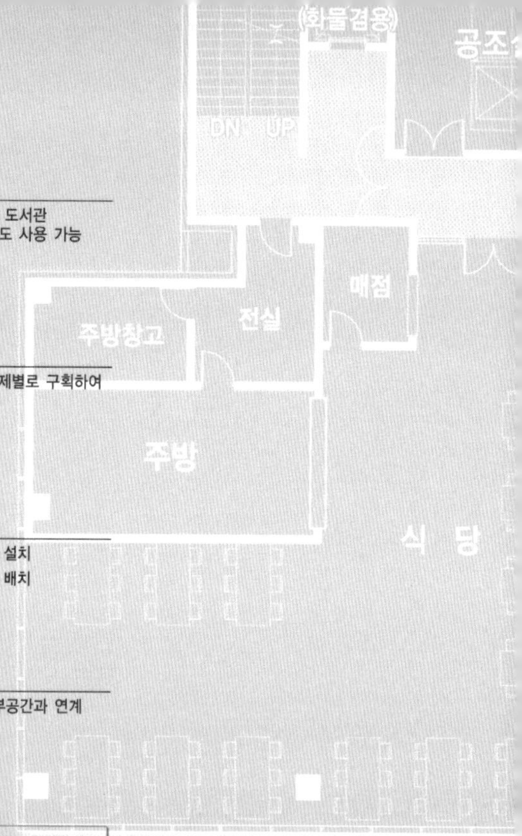

수직동선 개념도

공원과 인접한 남측 입면은 모현공원을 이용하는 다수의 이용자에게 항상 모습을 드러내고 있다. 바꾸어 말하면 열람실 내부에서도 외부의 녹지를 항상 바라보게 된다는 것을 의미한다. 그래서 공원을 향한 입면은 비워냄을 원칙으로 하였다. 대지의 푸르름이 도서관의 입면에 비춰질 수 있도록 복층유리를 주재료로 사용하여 공원과 하나 되는 건축물로서의 이미지를 떠올렸다. 현재 실시설계를 완료하고 공사가 시작되기를 기다리고 있는 프로젝트로서 계획 단계의 고민들이 현실로 드러나기를 기대해 본다.

주경투시도

내가 생각하는 컨셉

첫째 | 본질적 가치에 충실하라.

성공회대 신영복 교수의 「감옥으로부터의 사색」을 보면 "무슨 편법이나 첩경이 없나 자주 살피게 됩니다. 이것은 관심의 낭비가 아닐 수 없습니다."라는 문구가 나온다.

편법이나 첩경에 익숙한 사람은 늘 유행을 따르고, 새로운 트렌드가 유행할 때마다 남들에게 뒤질세라 열심히 따라한다.

필자 또한 그동안 편법이나 첩경을 찾느라 많은 시간을 낭비한 경험이 있다. 하지만 "남이 해놓은 것을 따라하지 말고, 어떤 방법으로, 무엇에서부터 시작할까?"를 고민해야 한다.

둘째 | 컨셉을 벤치마킹하지 마라.

다른 프로젝트를 검토하고 개선책을 찾는 것은 근본적인 다름을 만들어낼 수 없다.

컨셉은 차별화가 필요한 것이기 때문이다.

셋째 | 프로젝트의 목적을 한 마디로 정의하라.

프로젝트의 최종 목적을 한 마디로 표현할 수 있다면 그 프로젝트는 성공할 가능성이 매우 높다.

이는 프로젝트의 본질에 대한 대답을 얻는 방법이다.

part 4

순간적으로 떠오르는 영감을 놓치지 마라

대천리조트 관광개발사업 2단지

대천리조트 관광개발사업 1단지

G 메디클러스터

순천 화물차휴게소 민간투자사업

컨셉이나 아이디어가 차별화되었을 경우, 프로젝트 진행에 있어 디자인을 비롯한 계획에는 그 컨셉과 아이디어가 적극 수용된다. 단, 그 컨셉이 프로젝트의 목적에 부합해야 하며 논리적 설득력을 갖추어야 하고 문제점 도출, 대지 분석, 계획안 구상 등의 과정을 거쳐 건축 언어로 전환되어야 한다.
컨셉이 보이는 계획안은 설득력을 높일 수 있을 뿐 아니라 경쟁설계의 경우 당선과도 밀접하게 연관된다. 또한, 순간적으로 떠오르는 영감이 컨셉으로 발전되어가는 경우가 비일비재하기 때문에 필자는 항상 영감이 떠오르면 노트에 그것들을 낙서하곤 한다.
디자인에 적합한 컨셉을 만들기 위해서는 평상시 생각의 힘을 키우는 노력이 필요하다.

대천리조트 관광개발사업 2단지

발주처 | 대천리조트(주)

협력업체 | ○○엔지니어링(조경레저)

설계년도 | 2008.08~09

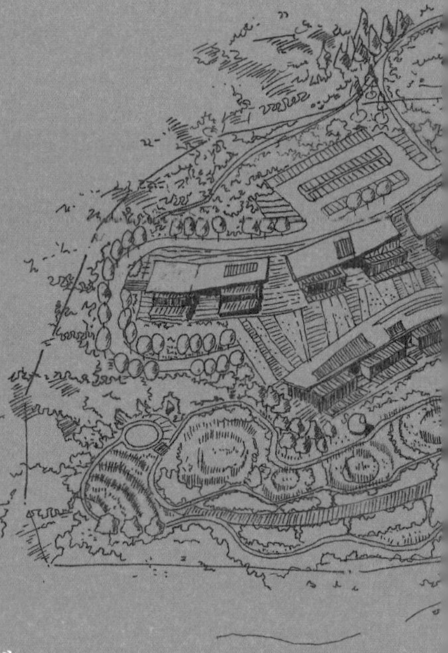

필자는 적극적이고 의욕적인 성격으로 남들이 힘들어하는 일을 즐기는 편이다. 하지만, 이런 성격이라고 해서 언제나 모든 프로젝트를 힘들지 않게 성공적으로 수행하는 것은 아니며 매번 어려운 과제를 해결하고 경쟁해야 하는 어려움을 겪곤 한다. 경쟁설계의 경우 프로젝트가 고시되고 나면 여러 회사가 동시에 프로젝트를 진행하게 된다. 각 회사가 최고의 전문가들로 팀을 구성한 후 최선을 다해 프로젝트에 임하게 되며, 모든 이들이 최선을 다하는 힘든 일정 속에서도 성공 혹은 실패가 희미하게 보일 뿐이다. 이와 같은 상황 속에서 경쟁이 심해질 경우 지금 맡고 있는 프로젝트를 성공시켜야 한다는 당면한 과제와 부담감이 머릿속을 가득 채우게 된다.

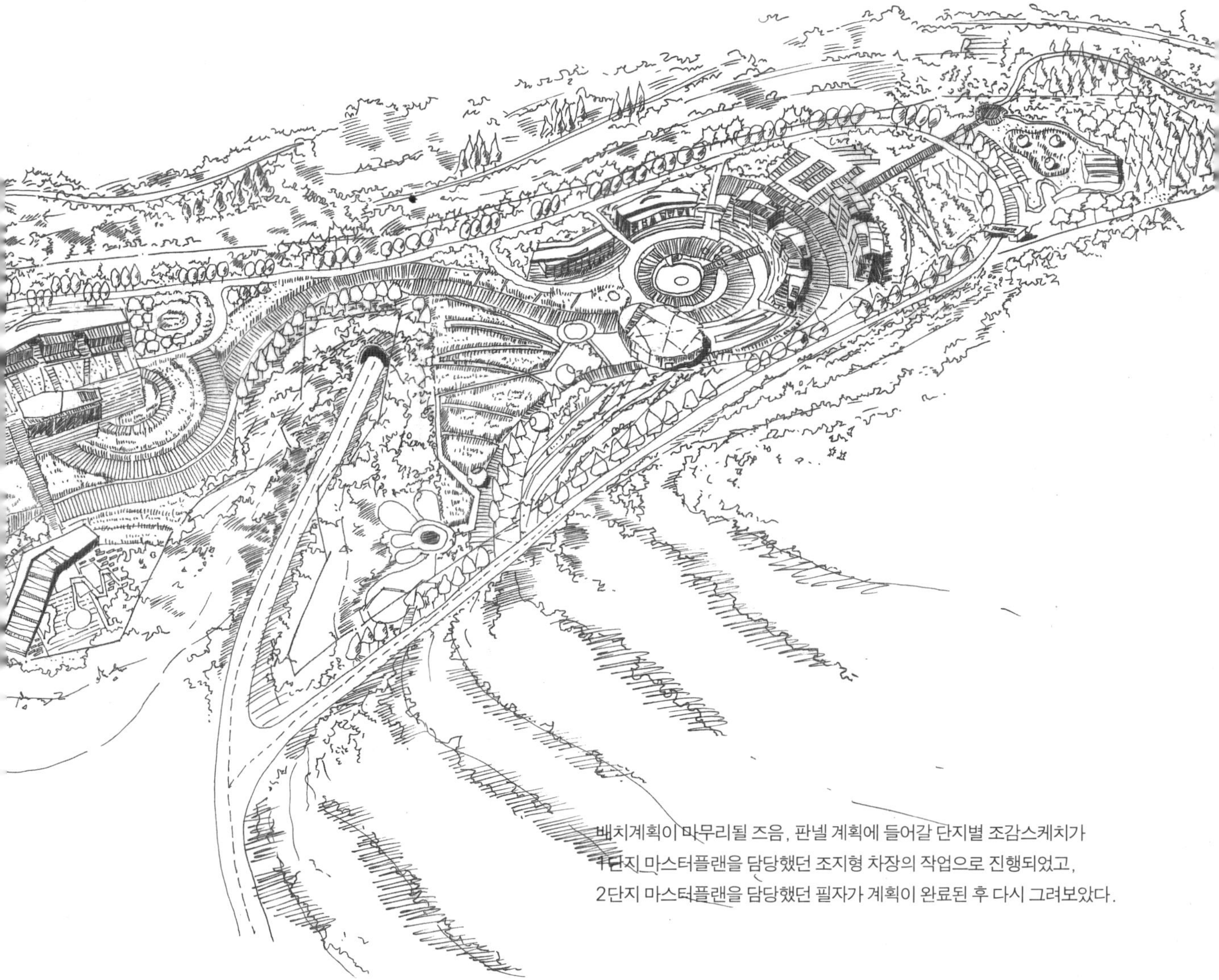

배치계획이 마무리될 즈음, 판넬 계획에 들어갈 단지별 조감스케치가
1단지 마스터플랜을 담당했던 조지형 차장의 작업으로 진행되었고,
2단지 마스터플랜을 담당했던 필자가 계획이 완료된 후 다시 그려보았다.

프로젝트의 목적

1. 지역민의 고용창출 유도 및 지역경제 활성화
2. 지속가능한 관광개발을 위한 수익사업 추진
3. 폐광지역 경제 활성화 사업과 연계한 폐광지역 거점 관광지 조성

2008년 가을에 진행한 보령시의 대천리조트 관광개발사업이 바로 그런 경우였다. 과거 보령시는 석탄을 생산하던 에너지산업의 중심지였으나, 1980년대 중반 이후부터 오늘날까지 석탄소비가 급격하게 감소됨에 따라 경기침체가 심각한 현안 문제로 대두되고 있는 상황이었다. 이에 한국광해관리공단* 및 보령시의 주도로 (주)대천리조트 법인이 설립되고, '대천리조트 관광개발사업'과 관련된 현상설계가 진행되었다.

리조트에 경험이 있는 여러 회사들이 현상설계를 준비하게 되었고, 필자가 속한 성우예건축은 ○○엔지니어링과 파트너로서 본 프로젝트를 시작하게 되었다.
리조트 관련 프로젝트를 접할 기회가 별로 없었던 필자에게 처음으로 골프리조트의 기회가 찾아왔다. 보령시에 위치한 두 개의 단지 중 1단지는 콘도, 9홀 골프장, 체험시설, 커뮤니티 시설이 들어서고, 2단지는 콘도 및 체험시설이 들어서게 될 예정이었다.
1단지는 계획설계부터 실시설계까지 진행되며, 2단지는 제안 시에는 포함되지만 당선 후 업무범위에서는 제외된다. 두 개의 단지설계 외에도 도시계획시설조성 사업인가와 관련된 인허가일체, 골프장, 체험관련시설, 레일바이크, 인테리어 설계 등의 업무가 과업에 포함되어 있다.
주어진 시간은 딱 1달이었다. 설계경기 공고 후 시간이 얼마쯤 흐른 뒤 8월26일에 프로젝트를 시작하였으니 제출일인 9월25일까지는 정확하게 한 달이 남은 상황이었다. 현장조사를 통해 자연 깊숙이 자리 잡은 두 대지의 상황을 보았고, 그곳들이 어떤 모습으로 변하게 될지 머릿속에 상상해 보았다.

* 석탄산업의 합리적인 발전을 위한 각종 사업을 효율적으로 수행하여 국가경제의 발전과 국민생활 향상에 이바지하고자 설립한 비영리 공익 재단법인. 1997년 4월 16일에는 강원 카지노 · 리조트 사업본부를 설치하여 폐광지역의 카지노 · 리조트 사업에도 주도적으로 참여하고 있다.

추진일정

2008년 8월 14일: 설계경기 공고
2008년 8월 21일: 현장설명회 및 신청서 접수
2008년 8월 22일~9월 5일: 질의서 접수
2008년 9월 10일: 질의회신
2008년 9월 25일: 기술제안서 접수마감
2008년 9월 29~30일: 기술제안서 심사
2008년 10월 2일: 당선작 발표

제출서류

심사용 설계도판(A1): 1set
설계설명서(A3): 15부
조감도(A1): 1set
가격제안서(세부항목별 작성)
인허가 추진 일정표
설계 진행 일정표(시방서, 계산서, 내역서 등 작성일정 포함)
특수시설: 폐선로 활용시설(레일바이크)
에너지 절약 사용계획서

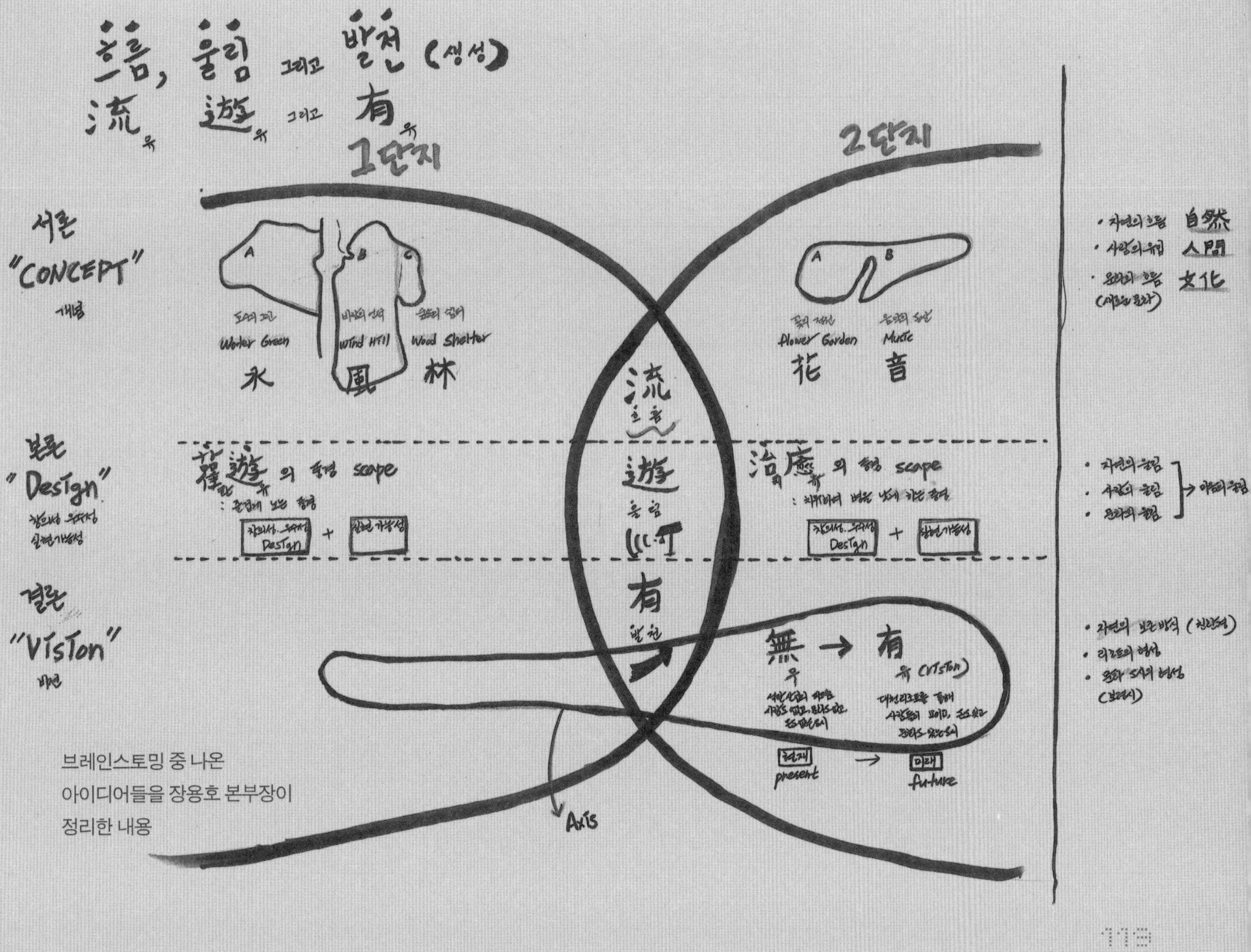

브레인스토밍 중 나온
아이디어들을 장용호 본부장이
정리한 내용

A ZONE 물 Water : 호수위의 그린
水
Beach Course
Lake side에 둘러싸인 차별화된 코스설계 (Two Green System 도입)
소음 완화계획
도로상 차량이동 '소음최소화'방안으로 수공간(저류지)를 적극 도입 활용
친환경 옹벽계획
분할된 도로옹벽에 벽천,녹지대,산벽을 도입 및 차단시설 차폐계획
골프장
그늘집
수공간
"Golf & Rest"
운동 + 휴식
B ZONE 바람 Wind: 바람의 언덕
風
Wind Course
바람부는 언덕에서의 고난이도 골프 코스설계 (Two Green System 도입)
숙박시설의 상징화
시조인 갈매기를 형상화하여 바람을 타고 날아올라 전 골프코스를 조망가능토록 계획
경사지 활용계획
저층부 테라스 하우스 도입으로 자연에 순응하며 시공성, 경제성을 충족
클럽하우스
레일바이크
골프장
타워형 콘도
숙박콘도
"Golf & Residence"
운동 + 숙박
C ZONE 숲 Wood : 숲속의 쉼터
林
랜드마크 디자인
숲속에 우뚝 솟은 커다란 바위를 모티브화 국내유일의 디자인 반영
친환경 설비계획
지열 및 열굴뚝, 랜드스크래퍼 디자인으로 에너지 및 운영비 절감
프로그램의 가변성
건강과 웰니스 추구라는 주제 안에서 시대와 취향에 따른 가변적 체험공간 계획
커뮤니티 센터
웰니스 센터
"Community & Headtrip"
커뮤니티 + 체험

1단지 개념

D ZONE 꽃 Flower : 꽃의 정원

花

그린팜 영역	인공수풀림을 이용한 원예치료 도입
경사지활용계획	저층, 테라스하우스 도입으로 자연에 순응하고 생태흐름을 유지
친환경계획	지열, 옥상녹화, 벽면녹화, 루버설치로 에너지 및 운영비 절감

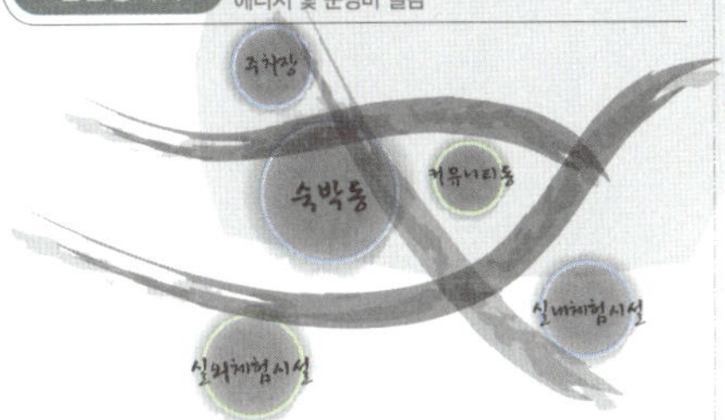

"Green Palm" *Walk + Gardening*

산책 + 원예

E ZONE 음악 Sound : 음악의 공원

音

아트팜 영역	사상체질에 의한 유형분류로 개인별 체질에 맞는 맞춤형 치유 프로그램 도입
에너지 절약 계획	광촉매 조명기구, 고효율 기자재 적용에 따른 에너지 절감으로 운영비 절감 및 환경친화 단지실현
소음 완화 계획	도로와 아트팜 체험시설 사이 완충공간을 조성하고 환경오염에 내성을 지닌 대기 오염물 정화수 식재

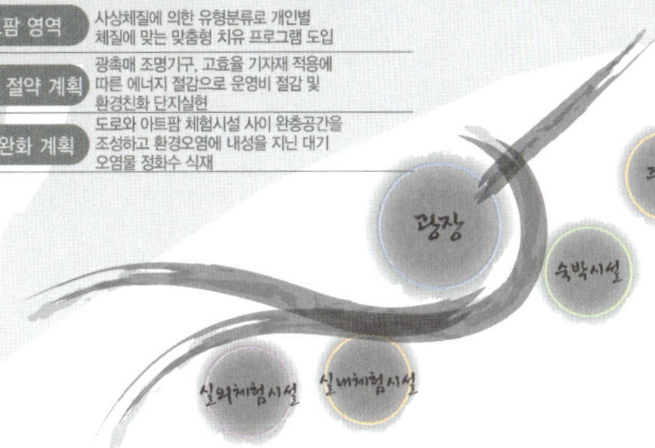

"Art Palm" *Meditation + Art*

명상 + 예술

2단지개념

대안1

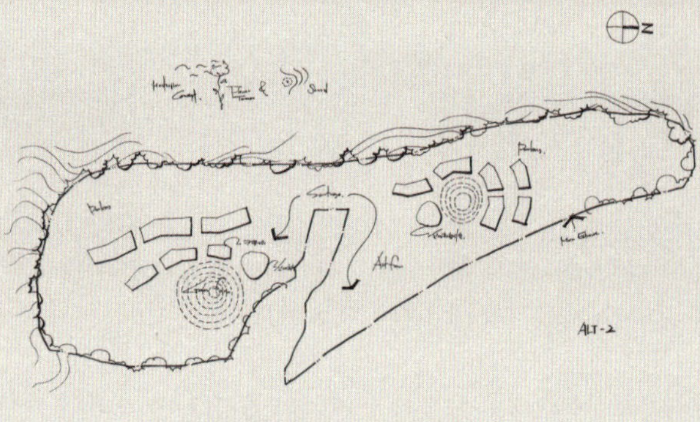

대안2

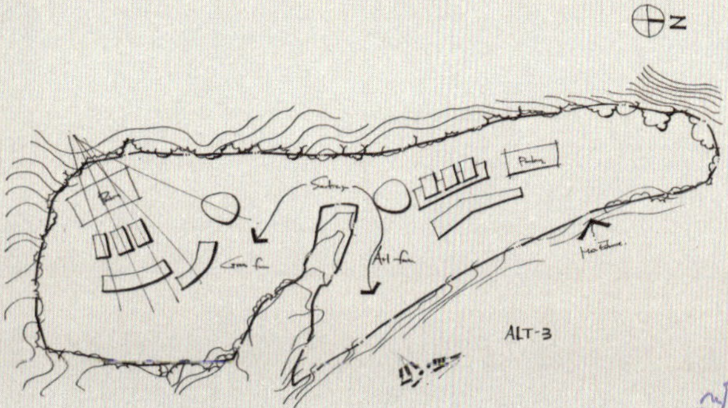

대안3

컨셉을 결정하기까지 그렇게 많은 시간이 주어지지도 않았고 많은 시간이 필요하지도 않았다. 현장을 다녀온 후로 아침에 눈을 떠 새벽 잠자리에서 눈을 감을 때까지, 아니 꿈속에서조차 현장의 모습을 떠올리고 어떤 컨셉을 적용할지 고민하고 또 고민했다. 해답은 엉뚱한 장소에서 나왔다.

보령시의 공기 맑은 숲 속이라는 배경 아래 1단지는 골프장과 숙소, 체험관련시설, 레일바이크 등이 들어서고, 2단지는 숙소와 체험관련시설(테라피 관련시설)이 들어서게 된다.

본질을 그대로 끄집어내 본다면
1단지는 환유(歡 기뻐할 환 游 놀 유)의 풍경(風景),
2단지는 치유(治 다스릴 치 癒 병고칠 유)의 풍경(風景)
의 컨셉이 나왔다. 프로젝트를 진행하는 동료들과 저녁식사를 하다가 문득 뇌리를 스친 이 컨셉을 냅킨에 적었는데, 식사하는 내내 환유와 치유라는 단어가 머릿속에서 울려 퍼졌다. 식사를 마치고 바깥으로 나오자마자 동료들에게 외쳤다. 환유의 풍경과 치유의 풍경. 풍경이 아름다운 보령시에 환유와 치유의 프로그램을 만들어보자고 말이다.

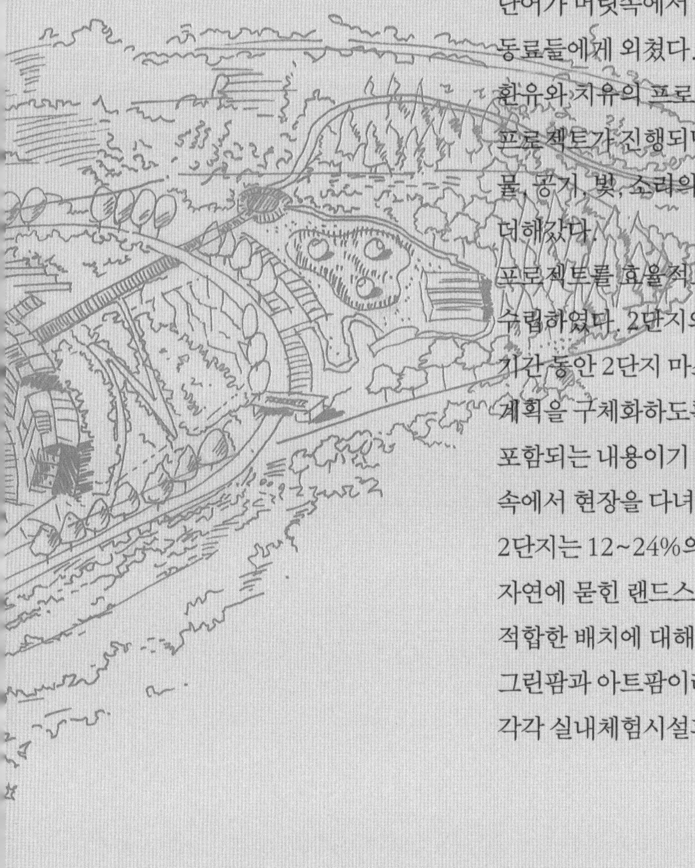

프로젝트가 진행되면서 환유의 풍경과 치유의 풍경이라는 큰 컨셉 아래 숲, 물, 공기, 빛, 소리의 디테일한 컨셉이 추가되면서 우리는 프로젝트에 속도를 더해갔다.

프로젝트를 효율적으로 진행해나가기 위해 업무를 분배하고, 일정계획을 수립하였다. 2단지의 경우 제안에만 포함되었기 때문에 필자는 2주의 기간 동안 2단지 마스터플랜를 진행하고, 그 이후에는 1단지 숙박시설의 계획을 구체화하도록 하는 일정을 세웠다. 짧은 시간이지만, 역시 제출물에 포함되는 내용이기 때문에 집중하여 진지한 고민을 해야 했고, 급박한 일정 속에서 현장을 다녀온 후 느낌이 사라지기 전에 배치 계획을 시작했다.

2단지는 12~24%의 경사를 가지고 터널 위에 산 중턱에 위치하였으므로 자연에 묻힌 랜드스크래퍼 형태의 막연함이 머릿속에 떠올랐고, 그에 적합한 배치에 대해 고민을 시작하게 되었다. 2단지는 숲이 우거진 경사지에 그린팜과 아트팜이라는 서로 다른 두 가지 성격의 야외체험시설을 따라 각각 실내체험시설과 숙박시설이 들어서게 된다. 부지의 왼쪽은 꽃,

오른쪽은 소리라는 영역별 컨셉을 염두에 두고, 제시된 프로그램의 성격과 스페이스 프로그램에 따라 땅을 닮은 네 가지 정도의 대안이 떠올랐고, 이것들을 빠르게 스케치로 정리하였다. 1단지 마스터플랜을 계획하고 있던 조지형 차장과 의견을 주고받은 후, 그중에서 바람에 흩날리는 꽃잎을 형상화한 그린팜 영역과 울려퍼지는 소리의 진동을 표현한 아트팜의 2안을 선정하였고, 그것을 발전시켜 나갔다.

건축물들의 위치가 정리되어 갈 때 즈음, 이제는 지침에 대한 사항을 다시 한 번 검토하고, 각 공간의 성격에 대해 고민하면서 위계, 리듬, 조화에 대한 사항을 정리하였다. 각각의 건물들이 서로 조화를 이루고, 건물들이 들어서면서 자연스레 광장open space을 만들고, 그것을 연결하는 길들이 적절한 리듬을 갖도록 하는 것이 내가 해야 할 일이었다.

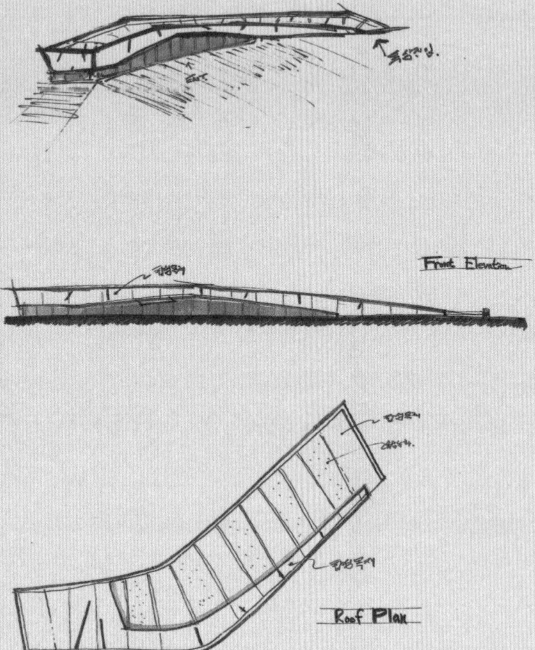

외부와 연계성을 고려하여
옥상을 램프로 이용 가능하게 한
그린팜 실내체험시설

설계경기 지침서에 나온 사항들에 대한 의문점을 적고
하나씩 해결해 나갔던 배치초기 개념도

STEP 1

길에 대한 고민

건물들에 대한 고민이 끝나고 난 후, 이제는 그것들이 어떻게 엮여서 소프트웨어들을 잘 담아낼 수 있을지가 관건이었다. 제시된 프로그램 외에 새로운 내용들이 추가될 예정이었기 때문에 외부공간에 대한 가능성 또한 열어두어야 했다. 철저한 리서치research와 대지 분석site analysis을 통한 치열한 고민 그리고 이를 반영한 스케치를 반복하면서 고민을 해결해나갔다.

STEP 2-1

시간이 빠르게 흘러가면서 마음은 급해져만 갔다. 밤을 꼬박 샌 후에도 마음에 드는 결과가 나오지 않을 때 느끼는 자괴감은 겪어본 사람들만이 안다. 필자가 이 상황을 벗어나기 위해 취하는 방법은 문제점을 글이나 그림으로 표현해 보는 것이다. 건축가의 머릿속에 있는 아이디어를 글이나 그림으로 표현하는 빠른 방법은 아날로그적인 방법일 수밖에 없다. 아날로그 단계를 거치지 않고 바로 도면이나 그래픽으로 진행하는 것이 그 순간에는 빠르게 진행되는 것 같아 보이지만 정리되지 않은 디자인일수록 계획안의 완성도는 떨어지게 마련이고 문제점도 많을 수밖에 없다. 필자도 이때 도로선형, 광장에 대한 위계 등이 정리되지 않은 상태에서 각 공간들을 디테일하게 진행해 나가는 실수를 범하고 말았고, 그로 인해 프로젝트의 진행이 느려질 수밖에 없는 상황이 되었다.

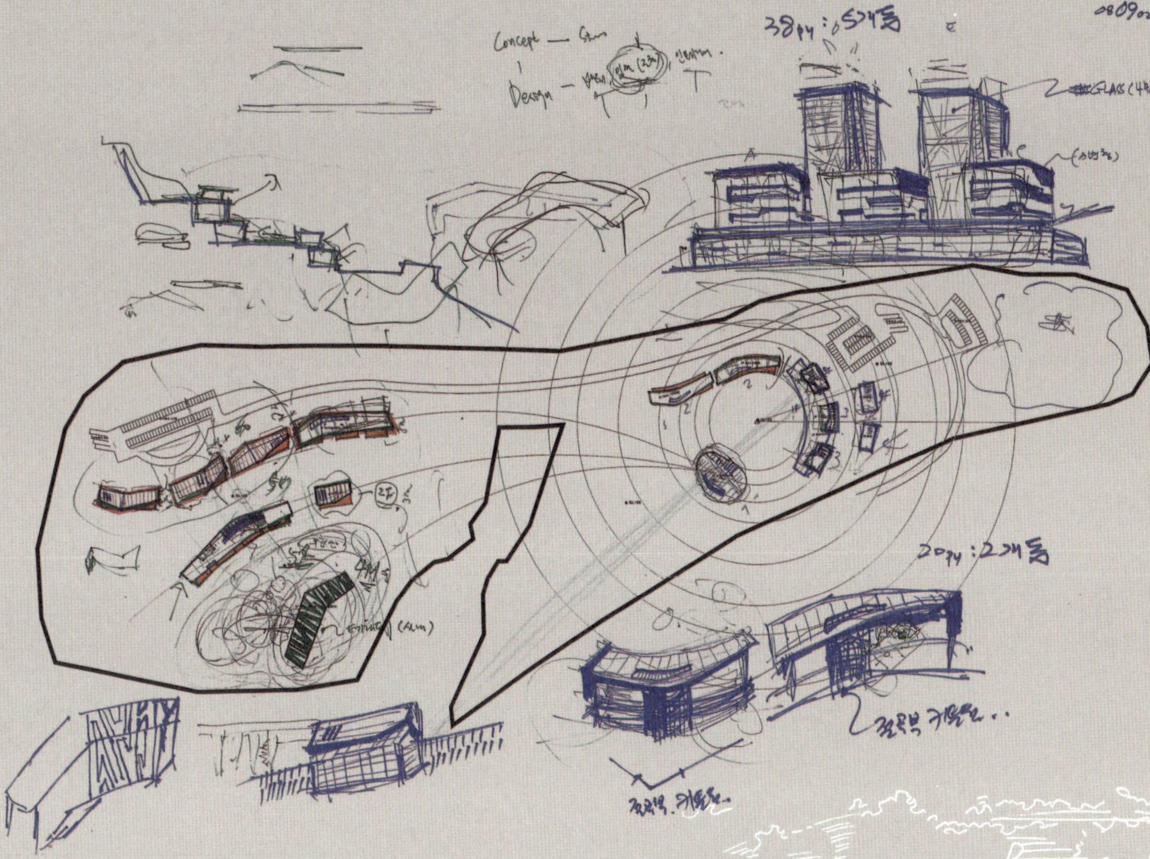

건물의 배치가 마무될 즈음 건물의 매스에 대한 고민

STEP 2-2

조닝zoning, 위계grade, 축axis에 대한 고민이 계속되었다. 캐드작업과 스케치를 병행하면서 도로 선형을 계속 그려나갔다. 단지계획에서 주도로의 선형이 중요시되는 이유는 동선 계획이라는 본질적인 측면 이외에도 그것이 옥외공간의 전체 느낌을 좌우하기 때문이다.
제출일이 서서히 다가올 때면 조급한 마음에 오히려 일이 풀리지 않을 수도 있다. 이때 의욕이 앞선 나머지 체력관리를 제대로 하지 못하면 비몽사몽 간에 어느덧 프로젝트가 실패로 끝나버리고 만다. 이 부분을 조심해야 한다.
배치 및 평면 계획에서의 중점사항은 주거와 실내체험시설, 외부체험시설이라는 세 가지 아이템을 그린팜과 아트팜이라는 공간으로 분절하면서 서로가 같은 시스템으로 엮이게 하는 것이 관건이었다. 도로의 선형을 정리한 후 마스터플랜을 세부적으로 진행하기에 앞서 건축물에 대한 매스 및 스킨, 프로그램과 연관된 성격들에 대해 스케치와 글로 정리를 하였고, 이 아이디어를 바탕으로 팀 동료였던 서종길 대리가 평면계획을 진행하고, 필자는 다시 배치계획을 마무리하게 되었다.

STEP 3-1

체험시설은 주어진 프로그램을 반영하여 하드웨어 공간들을 먼저 계획하다 보니, 차별화된 프로그램의 제안이 미흡했다. 머릿속에서 정리되지 못한 내용들을 시간에 쫓겨 정리하는 것은 현명한 방법이 되지 못하기 때문에 소프트웨어에 대해 고민할 수밖에 없었다. 결국 테라피 + 음양오행을 통한 체험프로그램이라는 만족할 만한 가변적 요소를 도입하였다.

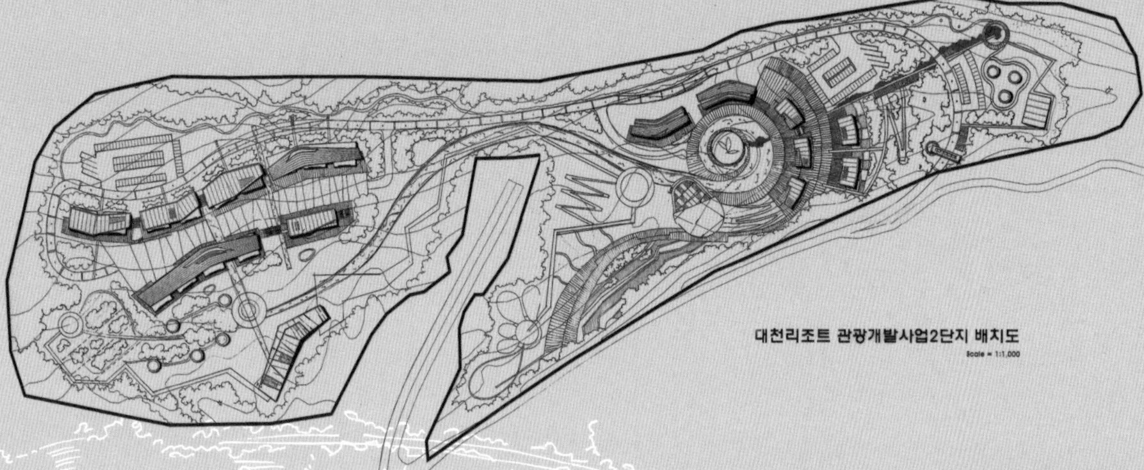

대천리조트 관광개발사업2단지 배치도
Scale = 1:1,000

건물에 대한 배치와 함께
외부조경계획에 대한 스케치

STEP 3-2

그린팜 영역에 들어서는 건축물은 바람에 흩날리는 꽃잎의 형태와 배치로, 아트팜 영역에 들어서는 건축물은 소리의 진동을 나타내는 배치로 건물의 디자인은 공간의 성격에 따라 반영하였다.

STEP 3-3

빠른 시행착오를 거듭하며 계획안을 발전시켜 가는 것은 개념, 마스터플랜, 건축과 조경 등 이들의 어울림을 담아내려는 고민의 과정이다. 본질적인 목적과 그것을 위한 방법이 조화를 이루는 과정에서 조닝, 위계, 축을 설정하였고, 해당 프로그램들을 엮으면서 초기 단계에서 설정한 휘날리는 꽃잎과 울림의 모습을 배치에 담게 된다.

조경분야에 발송하기 전 필자가
계획한 옥외공간 개념스케치

분야별 협의

배치계획을 정리한 뒤 조경분야에 마스터플랜의 컨셉과 의도를 설명하고 다음날 최종스케치에 컬러링을 하여 보내기로 하였다. 이제 스케치를 마무리하고, 조경에 보낼 밑그림을 완성하기 위해 컬러링을 시작했다. 먼저 작업이 완료된 1단지 마스터플랜과 톤을 맞추어 하룻밤 사이에 스케치에 색을 입혀 주었다. 스케치된 마스터플랜을 바닥에 놓고 매스스터디를 진행하였는데, 정성스럽게 디자인한 배치계획안을 장은준 군이 매스모형으로 최종 정리하였다.

그린팜

대지 좌측에 들어서는 옥외 체험시설은 영국 에덴리조트의 프로그램을 축소한 것으로서 자연스러운 조경을 통한 터널 형태의 인공 기후림을 조성하고, 그 속에서 실내외를 연결하는 건강프로그램을 제공하는 프로그램이 제안되었다.

외부조경계획을 마친 후의
매스모형

매스스터디

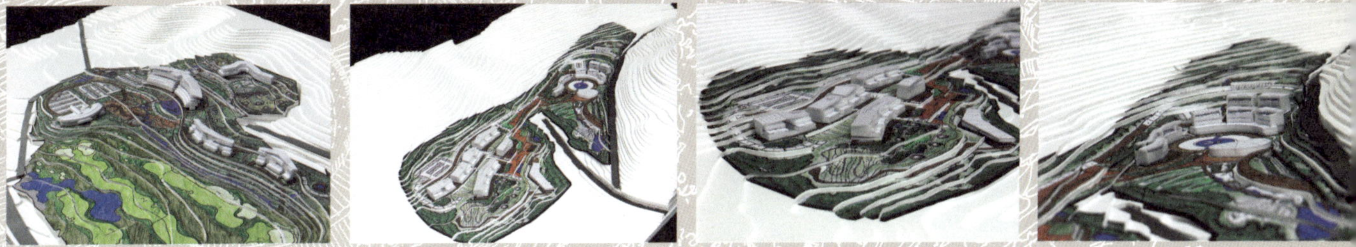

아트팜 외부광장

조감도

아트팜

대지 우측에 계획된 옥외 체험시설은 음악, 미술 등 예술을 치유목적으로 사용하는 심리 프로그램을 담은 아트팜이다. 중앙광장을 중심으로 숙박시설이 위치하고 아래로 쭉 이어진 사운드 테라피, 조각 테라피 등의 실외체험공간들이 제안되었다.

대지를 가로지는 주도로main axis의 강약을 조절하고, 중앙광장의 정형화된 이미지를 깨고, 거칠게 그려진 데크를 디테일하게 디자인하고, 위계를 조절하는 일 그리고 소규모 광장들의 세련미를 더하고, 길게 뻗은 산책로에 결절점을 만들어 주는 등 그려진 밑그림에 하나하나 선을 더해갔다. 최종 정리된 2단지 아이디어 스케치와 조경에서 작업된 결과물을 CG업체에 발송하고 나서 1단지 계획에 합류하였다.

디자인이 정리되고 난 후 마지막 일주일은 CG업체와 함께 밤을 새우면서 판넬작업을 진행했다. 제출 당일 뜬눈으로 마지막 밤을 새우고, 출력소에서 판넬을 보딩하여 보고서를 출력 중인 인쇄소로 달려갔다.

오후 1시……

보고서도 출력이 다 되어 제본되고 있는 상황인데, 보고서의 출력상태가 너무 흐리다는 생각이 들었다. 하지만, 밀려오는 아쉬움을 억누르고 제출물들을 챙겨서 차에 올라탔다. 보령시에 도착해서 성과품들을 제출하기 전 대기하는 동안에 익산도서관 프로젝트를 함께 진행했던 최주현 선배를 만나게 되었다. 예전의 동료를 이번 프로젝트에서는 경쟁상대로 만나게 된 것이다. 서류를 제출하고 나서 서로 선의의 경쟁을 다짐하며 헤어진 후 며칠 뒤에 있을 브리핑을 위해 일주일 간 준비모드로 돌입하였다.

야근의 의미

일을 배워가는 신입 시절부터 경험 쌓인 건축가가 되어서도 피할 수 없는 것이 야근이다. 프로젝트의 수준을 높이기 위해 자발적으로 하게 되는 야근이라면 나름대로 바람직한 일이지만 선배가 시켜서 마지못해 하게 되는 야근 또는 할 줄 아는 것만 반복해서 하는 야근은 불평불만을 야기한다.

건축가는 본인 스스로 해야 할 목표를 뚜렷하게 세워야 한다. 목표가 세워진 건축가는 야근을 고생으로 생각하거나 대가를 위한 수단으로 활용하기보다는 프로젝트를 통해 선배들의 경험을 배울 수 있는 성장기회로 삼거나, 비슷한 연차의 동기들이 퇴근 후 휴식을 취할 동안 비용투자 없이 업무와 관련된 많은 것을 배우게 되는 시간으로 만들 수 있다. 또한 야근이 장기간 지속될 때에는 본인의 건강상태를 체크하고, 가장 효율적으로 일할 수 있는 시간 내에서 야근을 하는 것 등 스스로 지켜야 할 원칙을 정해 놓고 이를 따르는 것이 필요하다.

대천리조트 관광개발사업 1단지

발주처 | 대천리조트(주)

협력업체 | ㅇㅇ엔지니어링(조경레저)

설계년도 | 2008.08~09

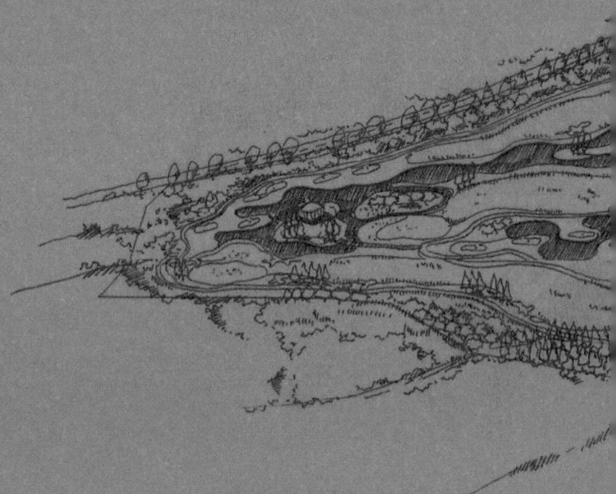

2주간의 2단지 마스터플랜과 건축계획을 마치고 나서 1단지 숙박시설에 대한 계획을 진행하게 되었다. 진행되고 있던 프로젝트를 중간에 이어받아 다시 진행한다는 것은 일관성을 유지하기 위해 많은 노력을 기울여야 한다는 것을 의미한다. 폐광지역 경제 활성화 차원에서 추진되어 온 강원랜드, 블랙밸리 컨트리클럽, 문경 레저타운, 동강시스타 등 기존 사업과의 시너지 효과를 발생할 수 있는 연계거점을 조직하는 것이 본 프로젝트의 거창한 목표였다.

담당하게 된 숙박시설의 위치는 발주처에서 제공한 초기 계획안의 배치와 동일하게 계획되었으나, 지형을 따라 그 형태가 조정되어 있었다. 숙박시설은 골프장을 바라볼 수 있게 계획되었는데, 바꾸어 말하면 골프장 내에서도 숙박시설에 대한 조망이 가능하므로 자연에 순응한 매스 계획이 이루어져야 함을 의미하고 숙박시설이 자연에 순응하도록 디자인하는 일이 주요 포인트였다.

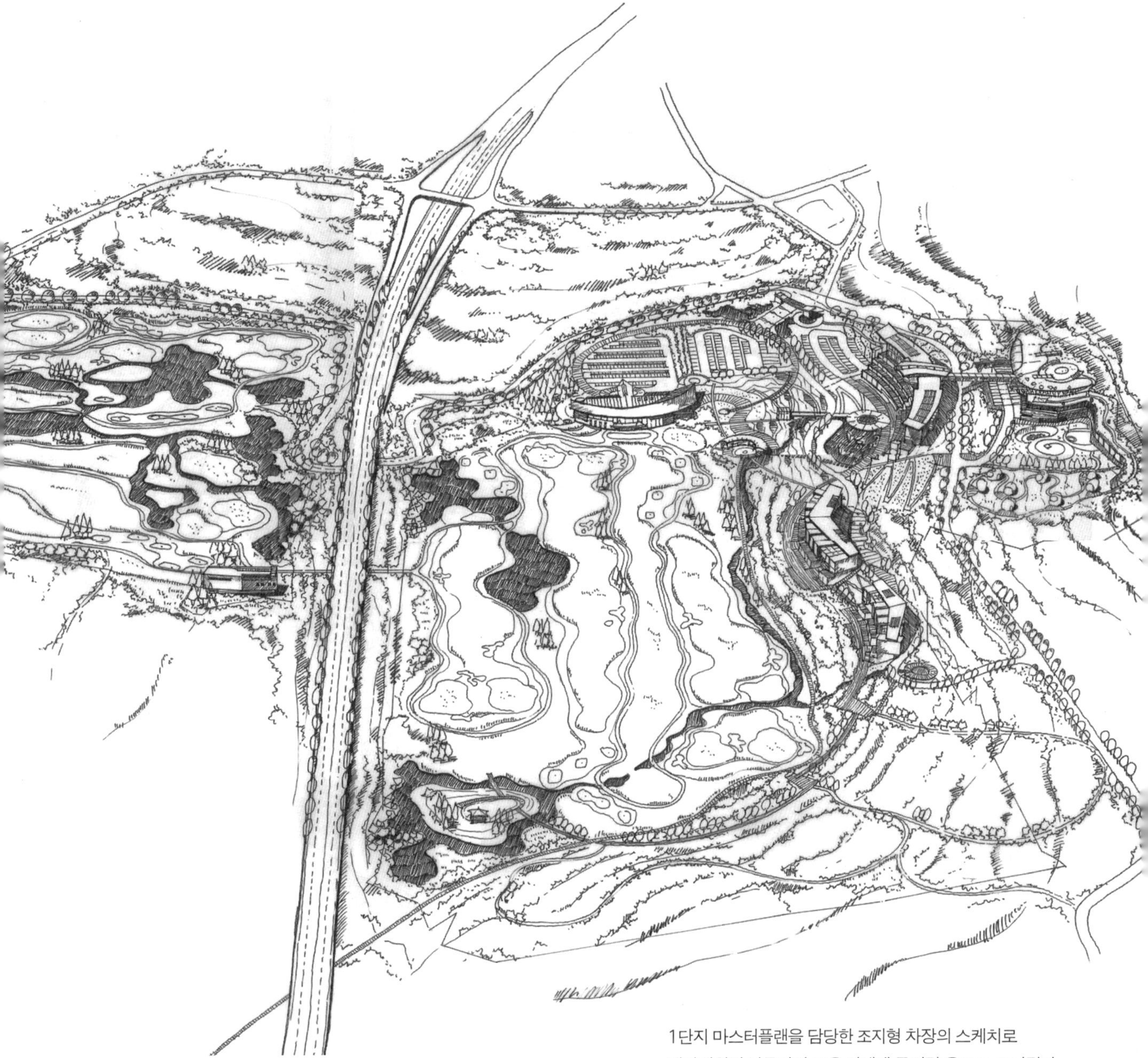

1단지 마스터플랜을 담당한 조지형 차장의 스케치로
배치계획이 마무리될 즈음 판넬에 들어갈 용도로 그려졌다.

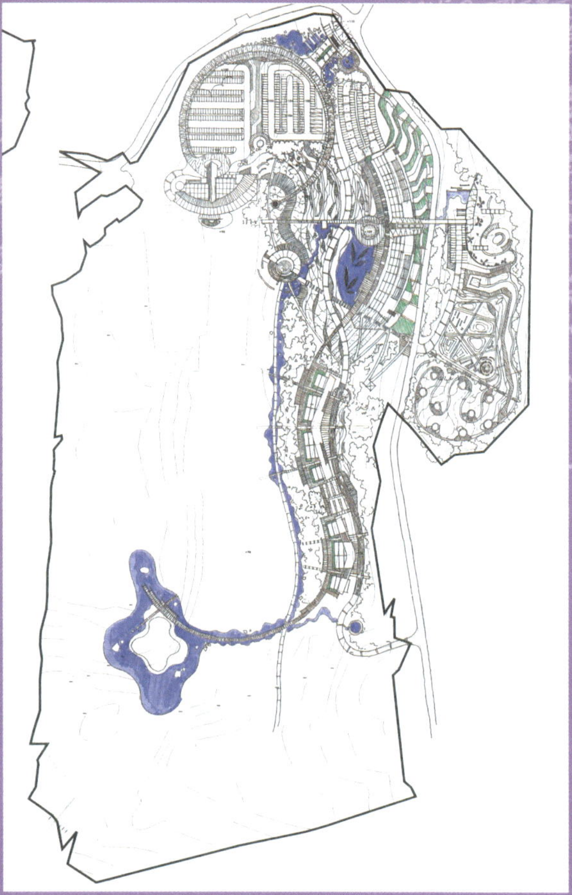

기존 1단지 마스터플랜을 유지한 채 건물과 외부공간에 대한 개념을 재정립한 계획안으로 담당자가 조경 계획까지 직접 진행하였기 때문에 시간이 더욱 촉박했다.

숙박시설에 대한 초기 디자인 |
배치와 숙박시설에 대한 조지형
차장의 개념스케치

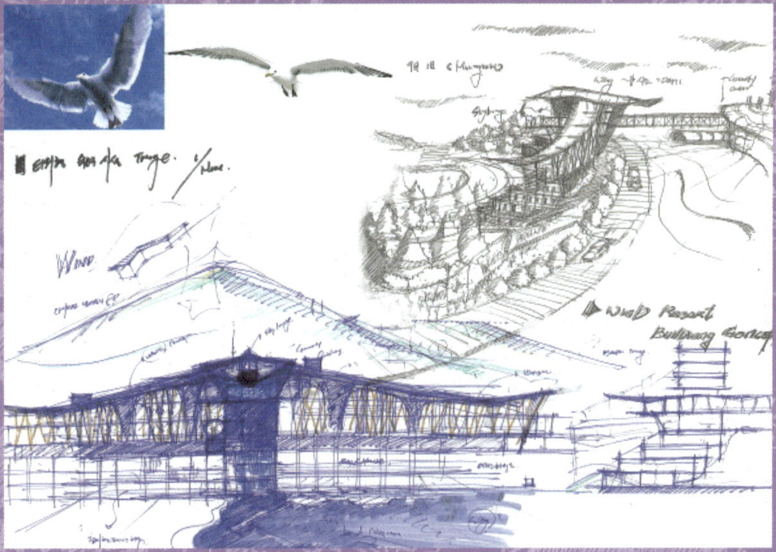

타워형 콘도 매스개념

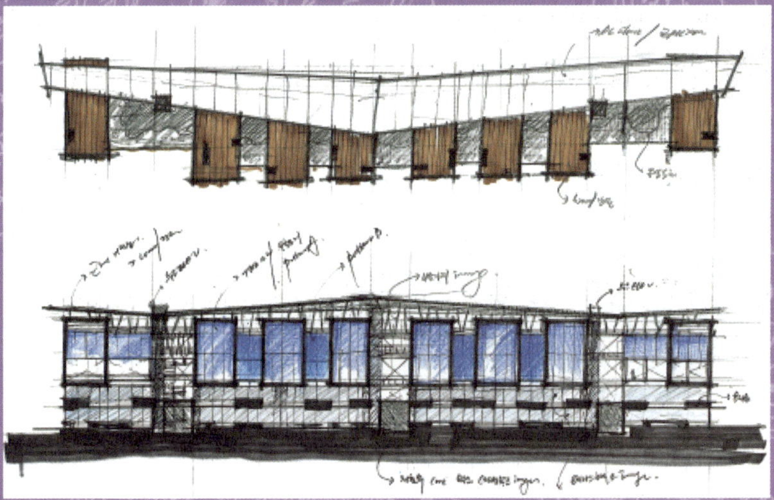

페어웨이형 콘도 매스개념

타워형 콘도

페어웨이형 콘도

1단지 마스터플랜의 초기 개념에 따라 타워형 콘도와 페어웨이형 콘도의 계획설계를 진행하였다. 짧은 시간에 계획안을 구체화해야 하는 작업은 언제나 아쉬움을 남긴다.

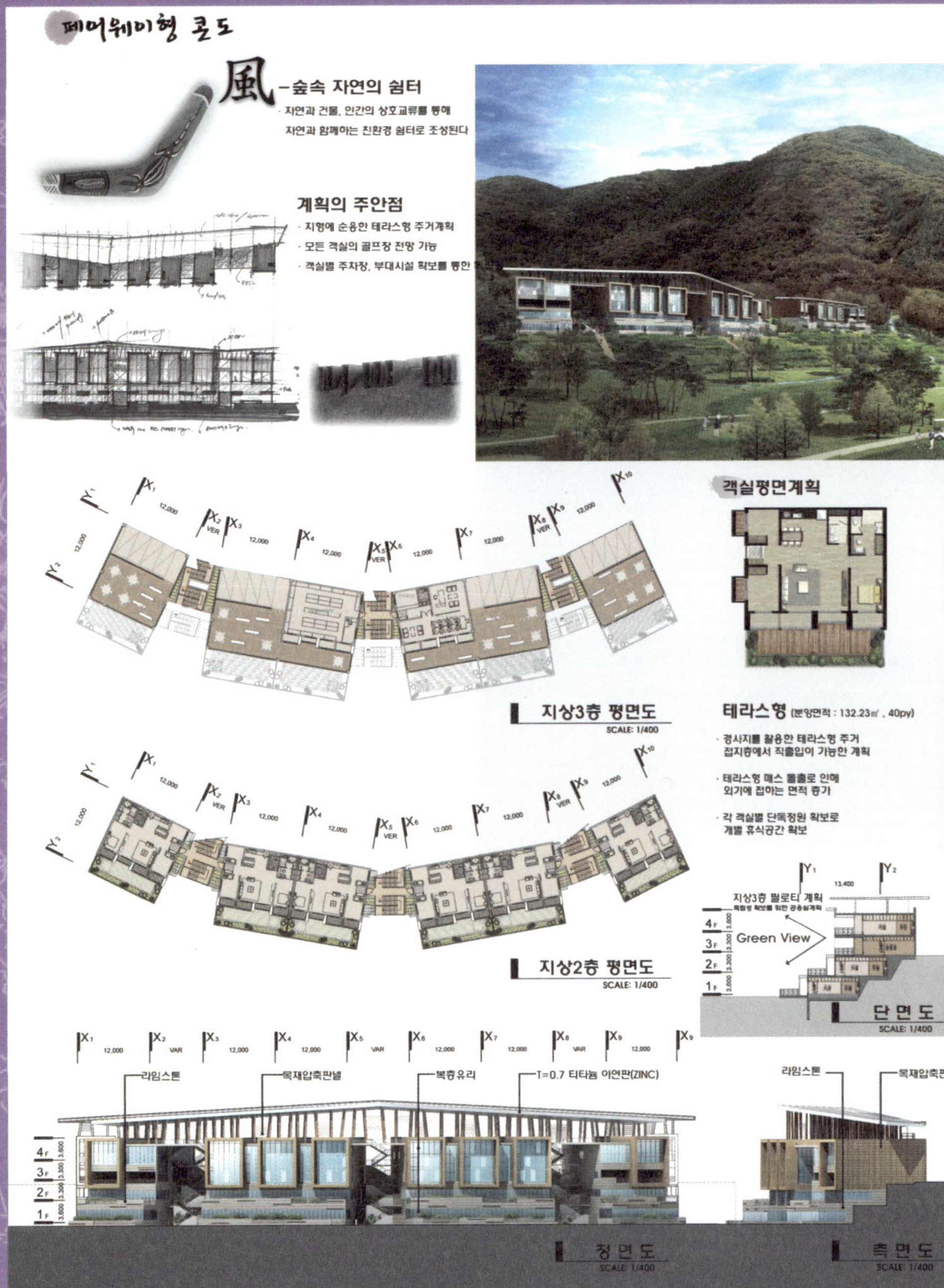
페어웨이형 콘도
風 -숲속 자연의 쉼터
· 자연과 건물, 인간의 상호교류를 통해
자연과 함께하는 친환경 쉼터로 조성된다
계획의 주안점
· 지형에 순응한 테라스형 주거계획
· 모든 객실의 골프장 전망 가능
· 객실별 주차장, 부대시설 확보를 통한
객실평면계획
지상3층 평면도
SCALE: 1/400
테라스형 (분양면적 : 132.23㎡ , 40py)
· 경사지를 활용한 테라스형 주거
접지층에서 직출입이 가능한 계획
· 테라스형 매스 돌출로 인해
외기에 접하는 면적 증가
· 각 객실별 단독정원 확보로
개별 휴식공간 확보
지상2층 평면도
SCALE: 1/400
지상3층 필로티 계획
Green View
단면도
SCALE: 1/400
라임스톤
목재압축판넬
복층유리
T=0.7 티타늄 아연판(ZINC)
정면도
SCALE 1/400
측면도
SCALE 1/400

페어웨이형 콘도 판넬

1단지는 클럽하우스, 그늘집, 관리동, 레일바이크 스테이션, 커뮤니티센터, 웰니스센터, 타워형 콘도, 페어웨이형 콘도 등 다양한 건물들로 구성되어 있다. 이 중 숙박시설인 타워형 콘도와 페어웨이형 콘도의 입면계획을 초기 개념에 맞춰 발전시키는 것이 우선적으로 해결해야 할 과제였다.

타워형 콘도는 저층은 테라스 형태이며, 상부층은 골프장을 조망할 수 있는 타워 형태의 숙박시설로 바람의 날개짓을 모티브로 자연과 함께 하는 친환경 건축물로 초기디자인 방향이 정해졌지만, 골프장을 바라보는 정면성과 지붕의 디자인이 고민의 핵심이였다. 이용객의 접근성을 고려하여 단지의 중심에 배치하고 발코니 입면의 차별화로 미래지향적 조형미를 창출하였다.

페어웨이형 콘도는 지상 1층에서 지상 3층까지 땅과 접하고 있는 테라스형 구조로 세대별 지상에서 직출입할 수 있으며, 그로 인해 매스가 분리되어 있다. 지상 4층은 브릿지로 연결되어 독립적인 각각의 주호들을 엮어 주었으며, 지상 3층은 주차장, 옥외데크, 편의시설 등 각종 부대시설을 계획하여 리조트 내 독립된 위요감을 형성하였다.

1단지 전경

G 메디클러스터

설계년도 | 2008.07

이청승: 저는 교육과 복지에 대해 관심이 많습니다. 그래서 한국, 중국, 일본의 사람들이 모일 수 있는 BESETO(베이징, 서울, 도쿄의 합성어)라는 생태타운을 구상 중입니다.

장용호: 저도 예전부터 외국에서 수 십년 간 선교를 마치고 돌아온 선교사를 위한 로뎀빌리지를 구상한 적이 있었는데, 실버타운의 개념과 비슷한 경우입니다. 한국교회에서 선교사는 선교활동을 나가면서 지원을 받지만, 수십 년 선교활동을 하고 국내로 들어온 후에는 아무런 지원도 받지 못하고 있습니다. 그래서 생각한 것이 마을을 만들어 수십 년 선교를 마치고 돌아와서 선교를 나갈 사람들에게 선교의 노하우를 알려 주고 교육하며, 거기에 학생 수련회 등 젊음과 교류할 수 있는 아이템을 추가한 것이 그것입니다.

이청승: 그렇지만, 지금까지 우리나라에서 실버타운은 성공하지 못했습니다. 그 이유가 무엇이라고 생각하십니까?

장용호: 실버타운이라는 것은 굉장히 소모적인 아이템이라고 생각합니다. 아무리 큰 항아리에 물이 가득차 있어도 계속 물을 길어내기만 하면 금방 동이 나게 마련이죠. 지금까지 실버타운에서는 소비만 발생해 왔습니다. 이 점을 간과한 것이 우리나라에서 실버타운이 성공하지 못한 이유라고 생각합니다.

의료시설, 실버타운, 국제학교, 컨벤션센터 등의
복합시설로 구성된 메디클러스터의 마스터플랜

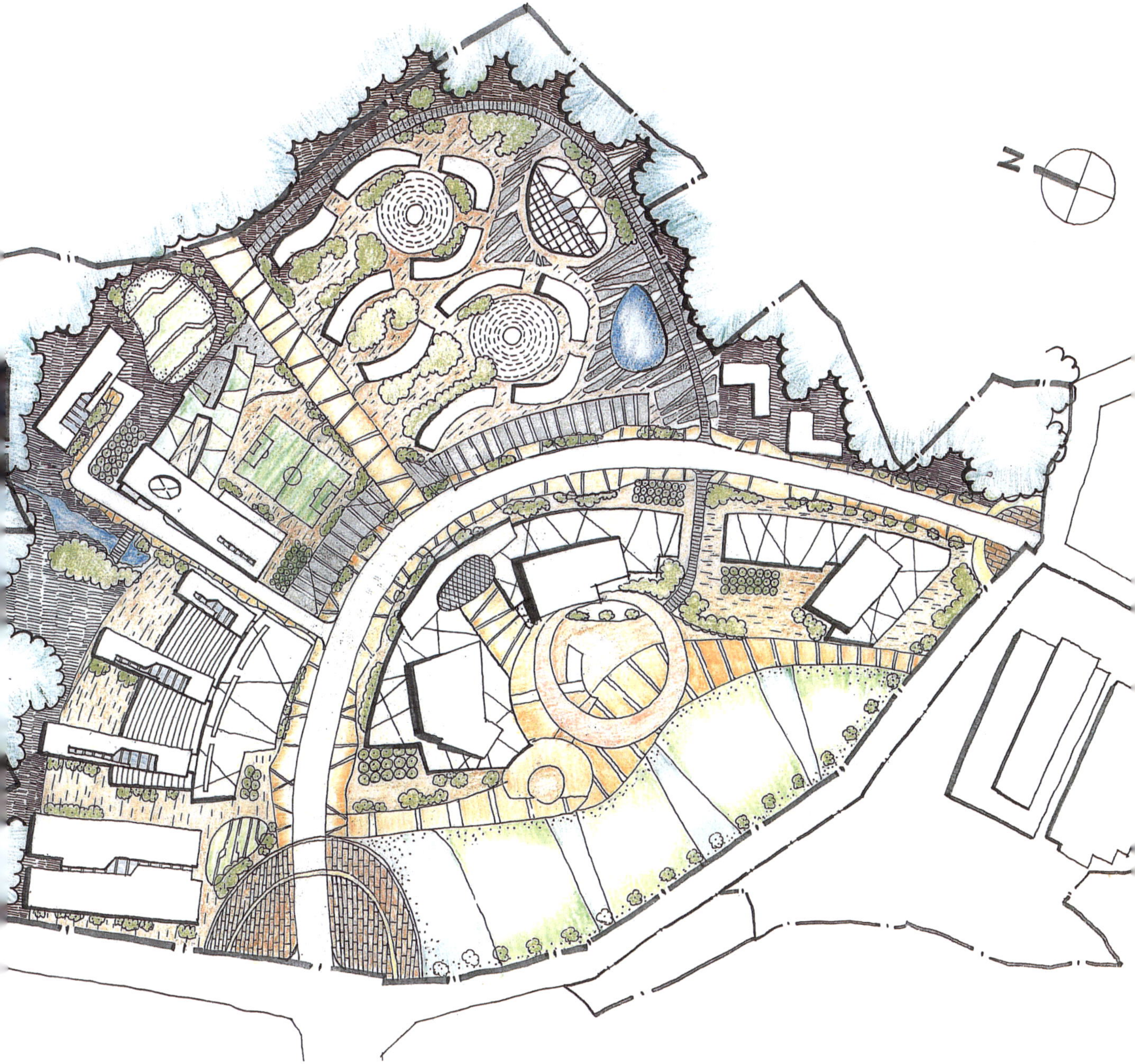

이청승: 그렇다면 무엇이 중요하며, 실버타운에 꼭 들어가야 할 아이템은 어떤 것이 있을지 말씀해 주시겠습니까?

장용호: 실버타운을 짓는 데 중요한 것 세 가지는 다음과 같습니다. 첫 번째는 위치입니다. 노인은 한적하고 공기 좋은 곳에 위치하는 것이 좋다고 생각하지만 활기차고 도시 가까운 곳에 위치하는 것이 좋습니다. 두 번째는 지출모드와 소비모드가 공존해야 한다는 것입니다. 세 번째는 타운 자체에서 생활할 수 있는 시스템이 들어가야 합니다. 실버타운 내에 교육, 문화, 레저 등의 아이템이 포함되어야 하는 것이죠.

이청승: 95점 정도의 점수를 주고 싶습니다. 이 질문을 여러 사람에게 해보았지만, 60점 이상의 답변은 거의 없었습니다. 60점짜리 답변은 환경이 좋아야 한다거나 의료시설이 들어가야 한다는 등의 답변이죠. 이렇게 명쾌하게 답을 준 사람은 장용호 소장이 처음입니다. 실버타운에는 노인밖에 없으니 노인이 가지 않는 것입니다. 노인이 제일 싫어하는 것이 노인만 있는 것이니까요. 실버타운에도 젊음이 함께 해야 합니다. 실버타운에 대학교를 만들어 노인복지과정을 두고, 중국학생들이 와서 일을 하면서 돈을 벌고, 일본에서 정년퇴직한 노인들이 와서 실버타운에 묵고, 한국에서는 장소를 제공하고 일본과 문화교류를 원하는 개인들이 이곳을 찾는다는 것이 제가 생각하는 실버타운의 구상입니다. 실버타운을 통해 리더를 만드는 학교, 리더를 교육시키는 대학을 만들고 싶습니다. 이제 리더가 되기 위해서는 노인복지, 자연, 미래를 알아야 합니다.

이상은 2008년 북경에서 우연히 만나게 된 세종문화회관 이청승 사장과의 저녁식사 중 나누었던 대화 내용이다. 노인복지, 교육, 환경 등에 관심이 많던 이청승 사장이 당시 프로젝트에 관한 용무로 북경을 방문 중이었던 필자와 장용호 소장에게 의견을 물어온 것이었다.
북경을 다녀온 지 서너 달이 지났을 무렵 A대학교가 소유하고 있는 부지를 메디클러스터로 개발하기 위한 마스터플랜을 검토하게 되었다. 서울에 본교가 있고, 수도권에 대학병원이 있는 이 대학은 기존 대학병원과 연계한 연구시설단지를 개발하기 원하는 듯했다.
그동안 접해 보았던 부지 중 꽤 큰 규모에 해당하는 프로젝트인지라 대학으로부터 의뢰를 받았을 때 가장 궁금한 것은 바로 개발이 필요한 본질적 이유와 특성 그리고 개발계획이 갖는 경쟁력이었다. 개발이 필요한 본질과 특성 자체에 경쟁력이 없으면 아무리 훌륭한 마스터플랜이라도 제 힘을 발휘할 수 없기 때문이다.

이런 의미에서 메디클러스터 개발 계획은 아주 반가운 프로젝트였다. 지방자치단체와 MOU Memorandum Of Understanding* 체결이 이미 진행되어 있었는데, 개발대상부지는 대학병원이 밀집되어 있어 의료서비스 및 임상연구 인프라가 우수하다는 이점이 있었다. 그러나 개발비용에 대한 문제도 있고 경기가 좋지 못해서 개발에 박차를 가하기에는 쉽지 않은 상황이었다. 하지만 문제해결의 실마리는 언제나 프로젝트의 본질 안에 있다. 일반적인 설계사무소가 디자인에만 치중하는 것과 달리, 필자가 속한 회사는 디자인을 비롯하여 프로젝트 진행에 필요한 자금계획에서부터 PM역할까지 하고 있었으므로 대학측의 요구를 만족시킬 수 있을 것 같았다. 메디클러스터를 조성하기 위해서는 핵심 아이템의 선정과 함께 그것들을 연결시킬 고리가 필요했다. 메디클러스터를 위한 핵심 키워드는 '교류', 즉 클러스터 시설 간의 교류였다. '교류'라는 단어의 뜻 중에 혹시 놓친 내용이 있을까 해서 사전적 의미를 꼼꼼하게 찾아보았다. 그리하여 대학캠퍼스, 컨벤션센터, 문화센터, 외국인 학교, 실버타운의 다섯 가지 아이템을 도입한 결과, 한국과 세계, old&new, 산학협력, 문화교류 등이 이루어지는 'Inter-City'라는 개념을 도입하게 되었다.

* 당사국 사이의 외교교섭 결과 서로 양해된 내용을 확인 · 기록하기 위해 정식계약 체결에 앞서 행하는 문서로 된 합의. 원래는 본 조약이나 정식계약의 체결에 앞서 국가 사이에 이루어지는 문서로 된 합의를 가리키지만, 지금은 좀더 포괄적 의미로 쓰인다.

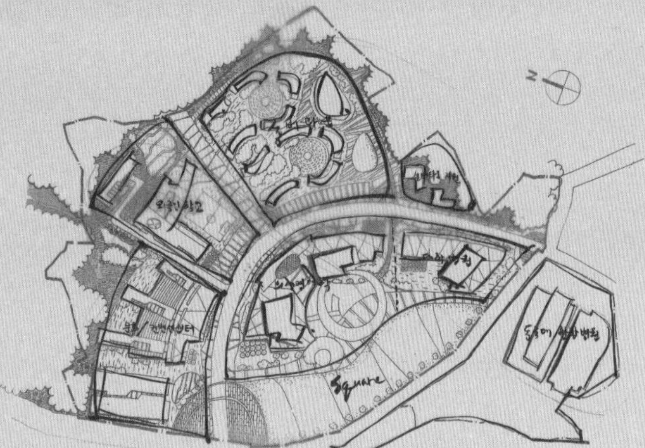

조닝(zoning)

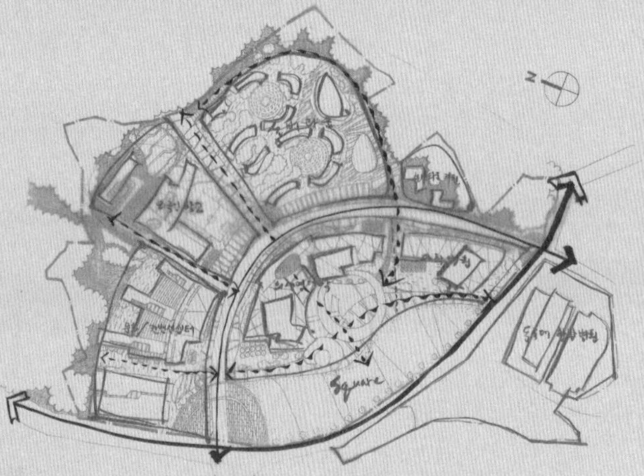

축(axis)

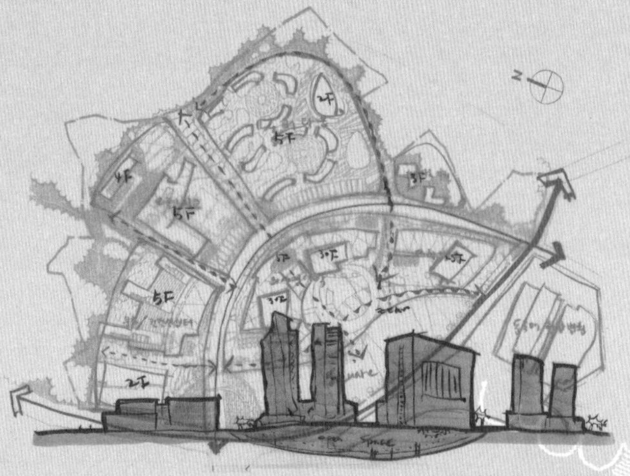
위계(grade)

교류(交流)

〔명사〕

1 근원이 다른 물줄기가 서로 섞이어 흐름

2 문화나 사상 따위가 서로 통함.

3〈전기〉시간에 따라 크기와 방향이 주기적으로 바뀌어 흐름.

교류(交流)

1【전류】

an alternating current《A.C., a.c.》

2【서로 섞임】

interchange; exchange -하다

한미 간의 문화 교류 cultural interchange〔exchange〕 between Korea and America

스포츠 및 문화의 교류 sports and cultural exchange《between》

동서 문화의 교류 the cultural exchange between the East and the West

inter-

「속; 사이; 상호」의 뜻

순천 화물차휴게소 민간투자사업

발주처 | 순천시
client | SK에너지 내트럭사업부
설계년도 | 2009.09

기존에 개발계획이 수립되어 있던 대지에 그것을 개선하는 개발프로젝트를 의뢰 받았을 때 가장 궁금한 것은 바로 프로젝트의 본질과 공공성 그리고 그것이 사회에 주는 의미이다. 프로젝트의 본질을 간과하고 용적률을 채우는 데만 급급할 경우 우리 도시의 모습은 삭막하게 변해갈 것이다. 이러한 생각이 디자인에 앞서 프로젝트에 대한 진지한 고민을 가능케 한다.

최근 언론에서 화물차휴게소의 운영 실태에 대한 보도를 본 적이 있다. 한국도로공사에서 국민의 세금으로 건물을 지어 운영하고 있으나 제대로 된 수요조사 없이 진행되어 현재는 거의 방치되다시피 버려진 상태이며 국민의 세금이 물 새듯 새고 있다는 내용이었다.

휴게소 초기개념스케치

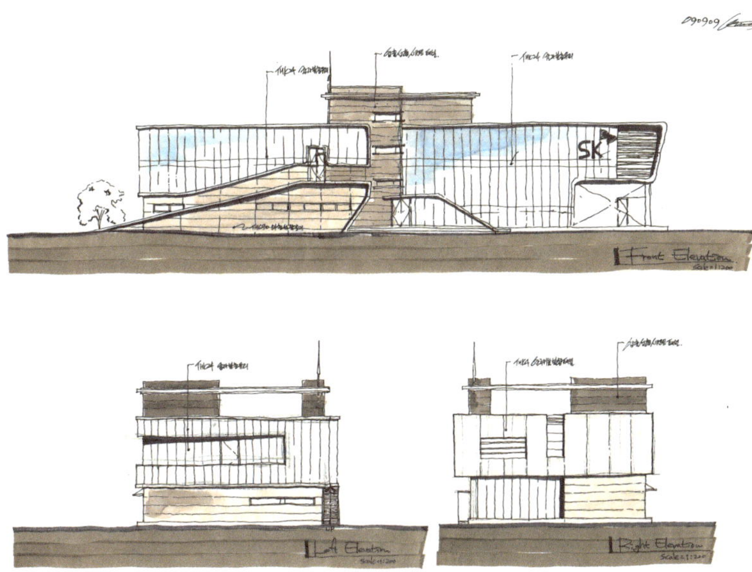

친환경 개념을 도입한 입면계획안

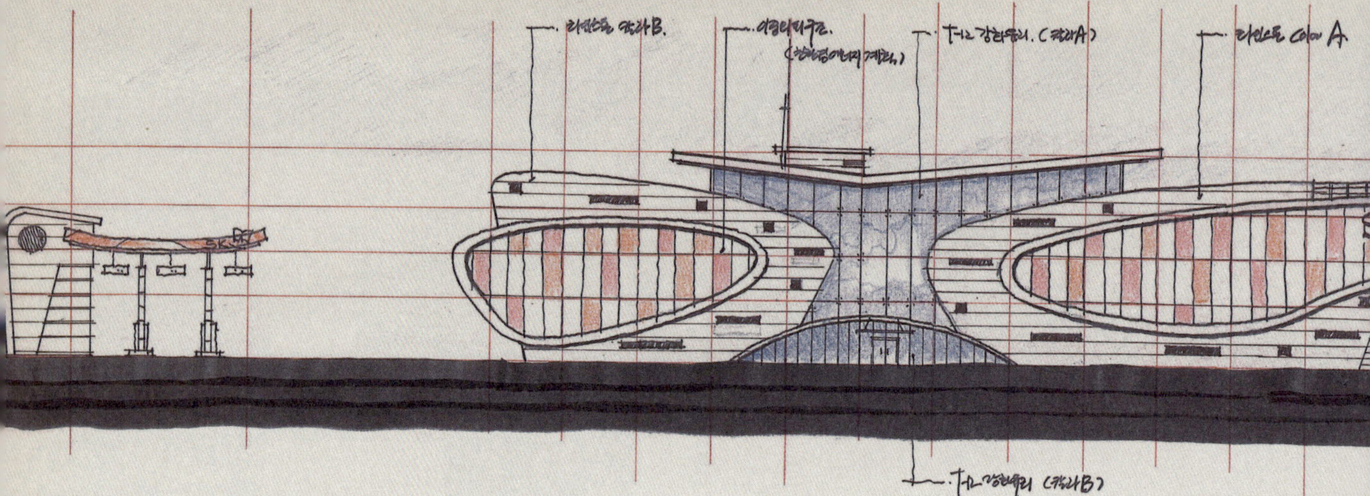

초기단계에 제안되었던 조지형 차장의 나비형태 입면계획안

첫째, 본질에 충실하라!

도심지에 빽빽하게 들어선 근린생활시설을 계획할 때와 도시 근교의 한적한 곳에 들어설 미술관을 계획할 때 두 건물이 중요시하는 것이 같을 수는 없을 것이다. 3면이 모두 주변 건물과 맞닿다시피 하고 분양을 위한 계획이 예상될 때는 실용성이 더 우선될 것이고, 대지를 진입할 때부터 거리와 위치에 따라 다른 모습의 시퀀스를 연출하고 다양한 전시기능을 수행할 경우에는 형태미가 우선될 것이다. 이런 의미에서 가장 중요한 것은 '프로젝트의 본질이 무엇인가?' 이다.

둘째, 기준이 되는 요소가 필요하다!

'건물의 공사비가 절약된다.' '친환경적인 건축물이다.' '디자인이 훌륭하다.'등 그 건물의 특색을 말할 때 꼭 필요한 것 중 하나가 '무엇을 기준으로 할 것인가?' 이다.

셋째, 차별화하라!

차별화란, 매번 달라야 한다는 것을 의미하지는 않는다. 다만 계획에 대해 적극적으로 고민하기 전에 논리적인 접근을 통해 강점과 기회요소를 찾으라는 것이다.

넷째, 상대적 우위성을 갖춰라!

컨셉은 경쟁상대에 따라 다른 방향성을 갖는다. 경쟁설계의 경우 상대가 하나일 경우와 여럿일 경우 또는 프로젝트의 성격에 따라 설계의 컨셉이 극명하게 달라지므로 상대적인 성격을 갖는다.

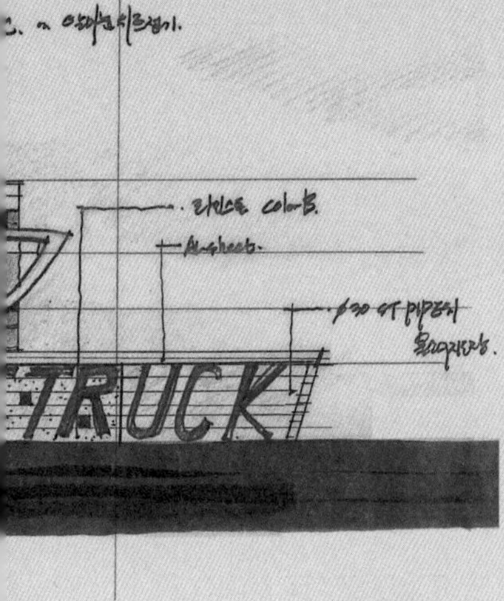

SK에너지 내트럭사업부에서는 화물자동차 주,박차난과 운전자의 편익확보를 위해 전국적으로 네트워킹된 화물공영차고지 건설을 추진해왔다. 본 프로젝트는 순천시에서 수년 전부터 수요조사를 통해 주차장 건립을 계획하고 있었으며, 최근 민간투자사업으로 발주되었다. 토지비용을 제외한 시설물 비용은 SK측에서 투자하고 시설에 대한 일정 기간의 운영권을 갖는 제3섹터 방식*이라는 점에서 제1섹터 방식의 상기 사례와는 차이점을 갖는다.

필자는 컨셉을 잡을 때 좌측의 4가지 사항에 주의한다. 프로젝트 초기 타당성 검토 및 배치검토를 진행했던 필자는 그 후 여수엑스포 지원시설로 들어설 복합센터에 대한 계획안을 진행 중이었기 때문에 컨셉과 입면계획 그리고 보고서 및 도면의 초기 목업작업에만 참여하게 되었다.

본 프로젝트는 '대한민국 생태수도 순천'이라는 입지여건에 맞추어 친환경을 키워드로 Everyday, Everybody→ECO 라는 주제 아래 언제 어디서나 화물차운전자라면 누구나 이용할 수 있는 곳이라는 컨셉으로 옥상녹화, 남향배치를 통한 채광을 적극 도입하고 물류의 흐름을 패턴화하여 도로측 입면main facade에 적용하였다.

대지분석을 통해 지역성을 파악하고, 이를 컨셉 및 건물의 디자인에 일관되게 반영하고자 한 것으로서, 우선 공영차고지 이용동선, 정비소 이용동선, 주유소 이용동선 등을 고려하면서 배치 계획안에 접근하였다. 인근 주민의 민원을 고려하여 주요소는 도로변에 면하여 위치할 수 없는 상황이었다. 도로변에 위치하여 이동하는 차량들이 주유소를 보고 찾는 것이 보편적인 타입이라 해결책을 찾기 위해 고민할 수밖에 없었다. 당초 필자가 추진했던 계획안에서 많이 바뀌어버린 배치안을 보면서 민원인과 사업자 그리고 프로젝트를 주관하는 순천시의 입장에서 모두 납득할 만한 계획안에 대해 고민한 결과, 대지 경계선에서 30m 이상 이격하고 차폐 식재를 통해 외부와 구분된 영역성은 부여하되, 도로변에서 주유소에 대한 인지성을 확보할 수 있도록 하자는 것이었다. 그렇게 된다면 민원인 측과 사업자 측 모두의 요구를 충족할 수 있으므로 프로젝트를 진행하는 데 수월할 것으로 판단되었다.

* 제3섹터 개발방식이란 민(民), 관(官) 공동출자 개발방식을 말한다. 공사합동의 기업형태로 지역개발이나 도시조성사업에 많이 사용된다. 제3섹터란 용어는 제1섹터인 공공부문, 즉 중앙정부나 지방자치단체와 제2섹터인 민간부문이 공동출자해 만든 합동법인 형태의 새로운 개발주체를 가리킨다.

휴게소 중간안

휴게소 최종안

계획안은 본래 선작업되었던 휴게동 입면 계획안이 있었으나 새로운 계획안을 반영코자 하는 이덕수 부장의 의견에 따라 컨셉에 어울리는 새로운 디자인을 구상하게 되었다. 반나절을 고민한 끝에 초기 기획안이 나왔다. 지상의 휴게공간에서부터 2층의 사무실까지 녹지를 연계한 'Green Slope'이라는 아이디어를 도출하였고, CG팀과 진행해가면서 매스를 조금씩 다듬어 나갔다. 하지만 마감을 일주일 정도 앞두고 방문한 SK측으로부터 기존안의 입면이 더 낫다는 의견을 듣게 되었다. 기존안이 초창기에 너무 일찍 계획안으로 제시되는 바람에 새로운 안들을 구상하게 되었지만, 사실은 SK측에서는 처음부터 그 안으로 생각하고 있었던 것이었다. 필자도 초기안이 마음에 들었고 공감을 하고 있었지만, 너무 일찍 제시된 안이었기 때문에 다른 것을 원할 것이라고 생각하고 진행한 것이 착오였던 것이다.

마침내, 제출 당일 아침 인쇄가 끝난 보고서들을 싣고 팀원들과 함께 순천으로 향해서 마감시간 전에 무사히 제출할 수 있었다. 제출 일주일 후 당선되었다는 소식을 유선상으로 연락받고나니 만감이 교차되면서 지난 한 달여의 시간들이 머릿속을 스쳐 지나갔다.

주유소 계획안

전문가가 되어라

돈을 내고 설계를 배우던 아마추어에서 돈을 받고 설계를 진행하는 전문가가 된다는 것, 어떤 분야든 전문가가 되는 것은 무척 어려운 일이다.

남들은 속일 수 있어도 자신은 속일 수 없다. 가끔 일을 할 때 편하다는 생각이 들 경우가 있는데 이런 경우엔 별로 남는 게 없다는 사실을 잘 알고 있으므로 힘들더라도 좀더 채근하며 고생해서 일을 하려 한다. 고생을 하게 되면 나중에 훨씬 많은 것을 깨닫게 되기 때문이다.

필자의 경우도 실무생활을 하는 6년 동안 주로 계획설계를 해왔기에 실시설계에 대해서는 자신감이 부족했다. 그래서 회사를 그만두고 매일 새벽 디테일에 대해 공부하고, 나머지 시간에는 새로운 출발을 위한 준비를 하였다.

part 5

새로운 것에 대한 도전을 두려워하지 마라

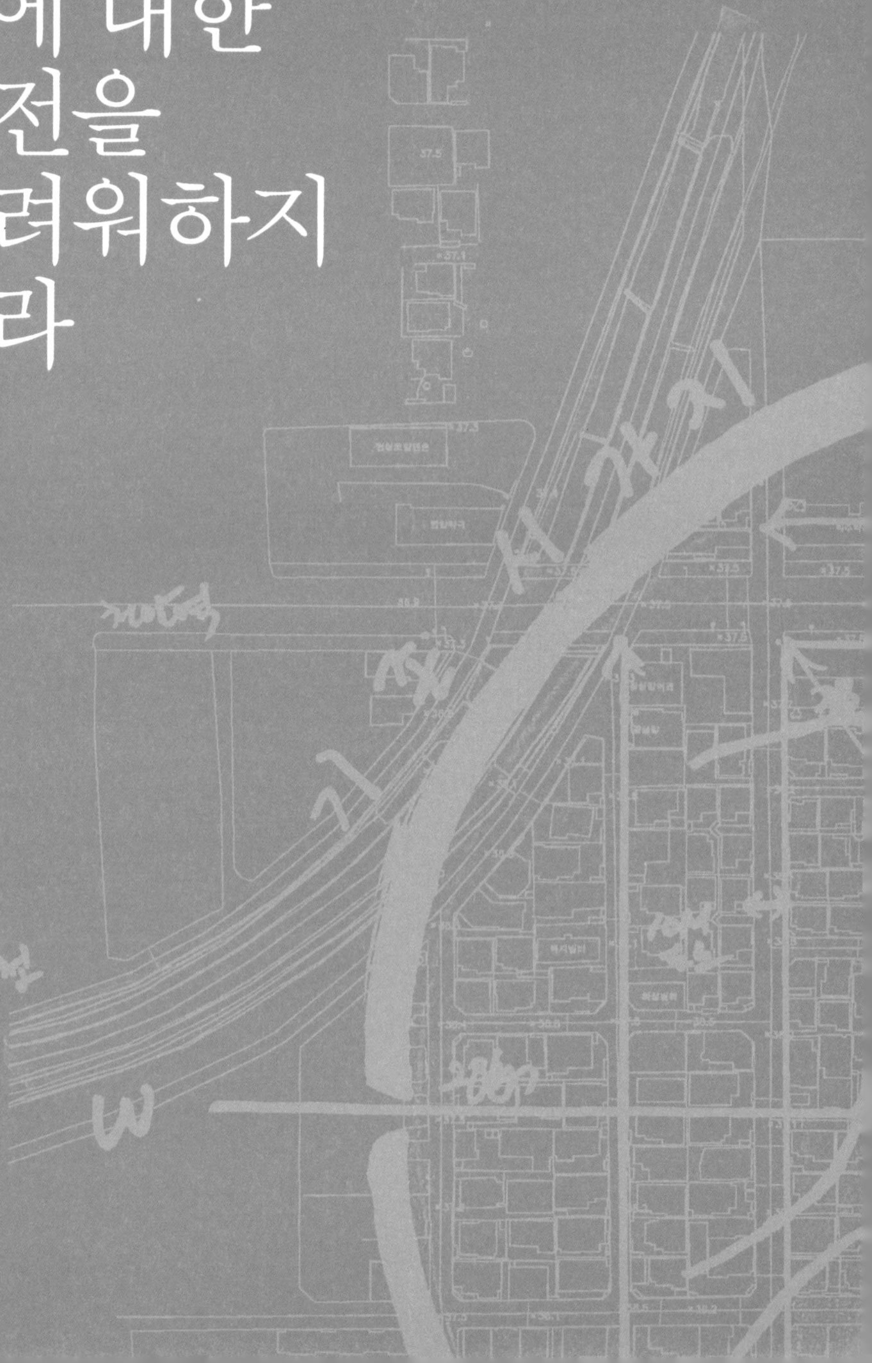

수원시 서둔동 지주공동사업

천안시 원성동 재개발사업

성남시 신흥2지구 재개발 현상설계

남양주 묵현지구 아파트

스스로가 정말 잘할 수 있는 것을 해야 한다고 생각한다.
매번 새로운 종류의 프로젝트를 만날 때면 과연 이것을 정말 잘해낼 수 있을지 의문이 생긴다.
하지만 그때마다 가슴 두근거리는 신명과 열정으로 프로젝트에 임하다 보면 벽으로만 느껴졌던 장벽이 어느덧 계단이 되어 필자 스스로를 성장시키고 있음을 알게 되었다.
항상, 변화를 두려워하지 말자.

수원시 서둔동 지주공동사업

client: 조합
설계년도: 2008.11

필자는 철도역사, 지하주차장, 문화센터, 학교, 도서관, 체육관, 기숙사, 교정시설, 리조트 등 다양한 프로젝트를 접해 왔지만, 유독 공동주택을 접할 기회는 없었다. 이제 단지설계를 시작하면서 새롭게 습득하는 내용들을 정리해 보려 한다. 2008년 9월에는 단지설계를 시작하기 전 준비하는 마음으로 최근의 공동주택 디자인지침부터 단위세대 및 주동계획에 대한 내용까지 정리하였다. 그리고 최근 주공현상설계의 내용을 바탕으로 배치 및 조경, 부대시설 등에 대한 내용들을 스터디한 뒤 데이터베이스화하였다. 처음 경험하게 된 단지설계 프로젝트는 수원시 지주공동사업 계획안으로서 외부협의는 타 본부에서 진행하였고, 필자는 마스터플랜 위주의 작업을 진행하게 되었다.

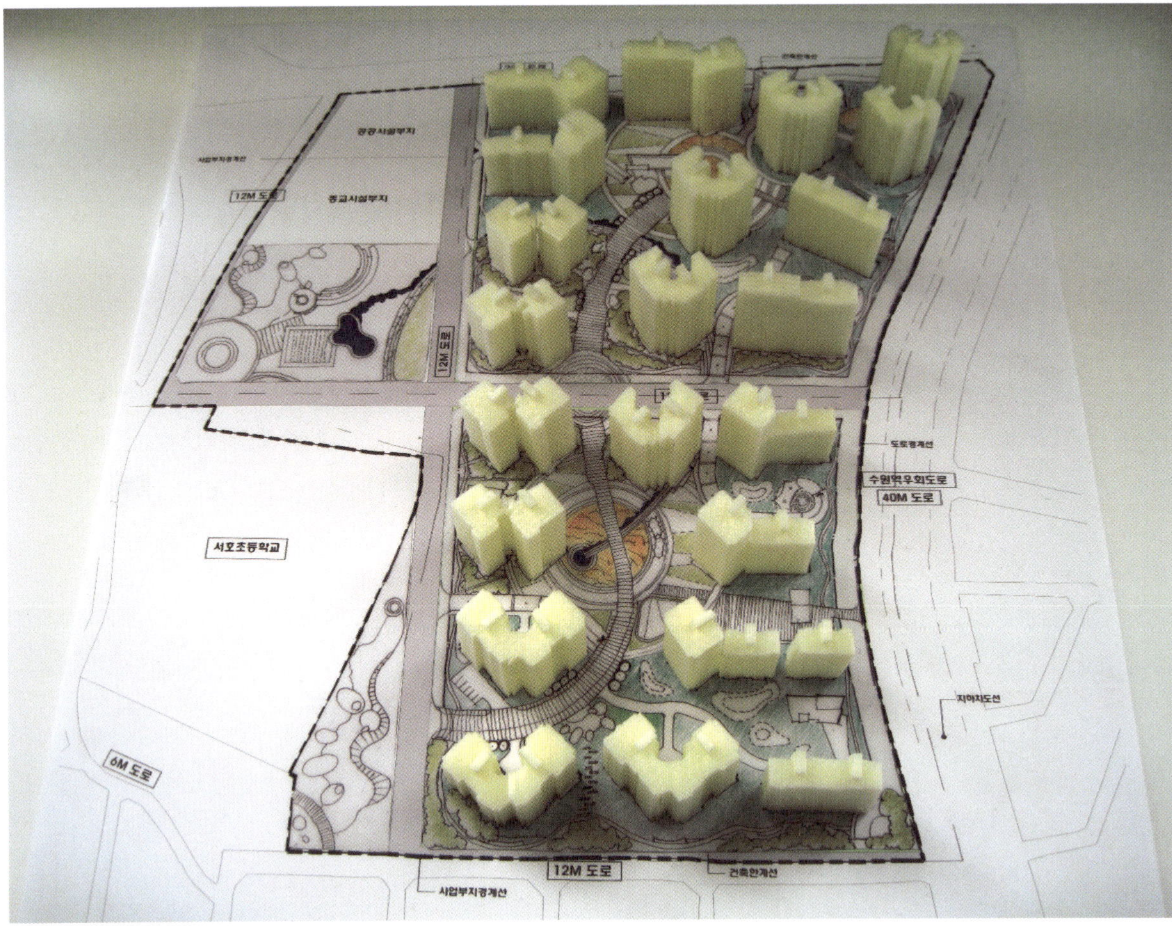

우측 40m 도로, 좌측 초등학교 및
공원 시설과의 관계성에 대한 고민이 계속 되었던 배치계획안

항공사진

공동주택의 경우 1,000세대만 가정하더라도 15층 규모의 4호 조합 17개 주동이 들어서게 되고, 주동의 조건은 각각 달라진다. 가장 중요한 것은 개별 동들의 장단점보다는 동일한 조건에서 단지 전체의 쾌적성 확보가 우선되어야 한다는 것이다.

기존에 사업을 진행하던 설계본부 담당자로부터 대지 현황 및 분양 세대비율, 진행사업방식 등을 인수받고 나서 오후에 곧바로 현장을 조사하게 되었는다. 단지설계를 함에 있어 주변 맥락을 파악하는 것은 참으로 중요하다. 계획에 주어진 시간이 3일밖에 되지 않더라도 그중 하루는 대지 분석에 투자해야 한다는 말도 있으니 말이다.
현장에서는 대지 주변상황 및 소음관계, 교통현황, 단지내부에서의 조망, 외부에서의 전경 등을 상상하며 현장감을 느꼈다. 현장조사란 단순히 사진 몇 컷을 찍기 위해 가는 것이 아니라, 주변 맥락에 대해 철저하게 분석하기 위해 가는 것이다. 경우에 따라서는 현장조사 체크리스트를 지참하여 꼼꼼히 기재해야 할 필요도 있다. 대상지 인근에 비행장이 있어 소음이 생각보다 심했는데, 이에 대한 해결방안으로는 시공 시 방음에 신경을

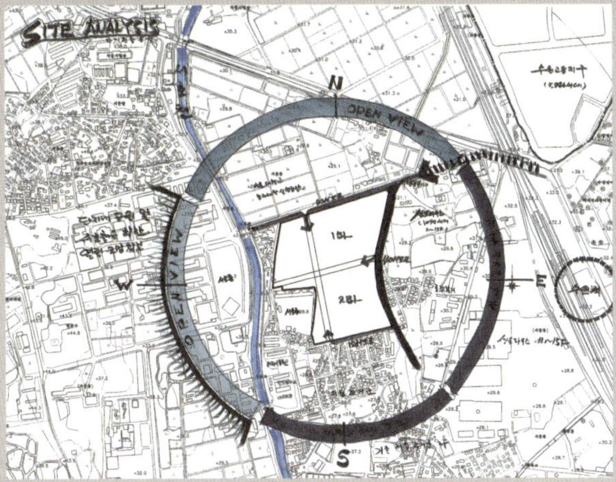

협역분석

광역분석

써야겠다는 것 외에는 계획단계에서 반영할 수 있는 것을 찾기는 어려워 보였다.

계획에 앞서 2020 수원도시기본계획, 수원시 1종 지구단위계획, 건축위원회 심의 및 운영기준, 지구단위계획구역 건축물 건축계획기준, 수원시 도시계획조례, 수원시 주택조례, 수원시 건축조례, 항공법 등의 관련법규를 검토했다

- 대지안의 공지 기준의 경우 도로와 대지 사이 녹지를 두고 녹지를 기부채납할 경우 법상 도로와 녹지 사이에서 6m를 이격하고 녹지와 대지 사이에서 3m 또는 2m(녹지 두께에 따라 다름)를 이격하나, SH* 나 CH** 의 경우 대부분 녹지와 대지 사이에서 6m 이격하라고 지침에 주어진다.
- 항공법상 비행고도제한에 묶이며 2구역, 4구역, 5구역에 대한 사항으로 층고제한을 체크하였으며, 피뢰침은 도선으로 할 경우 높이가 증가되지 않지만 금액이 증가할 것으로 판단된다.

* 서울도시개발공사
** (전)대한주택공사, 현재는 한국토지공사와 합병되어 한국토지주택공사로 불리운다.

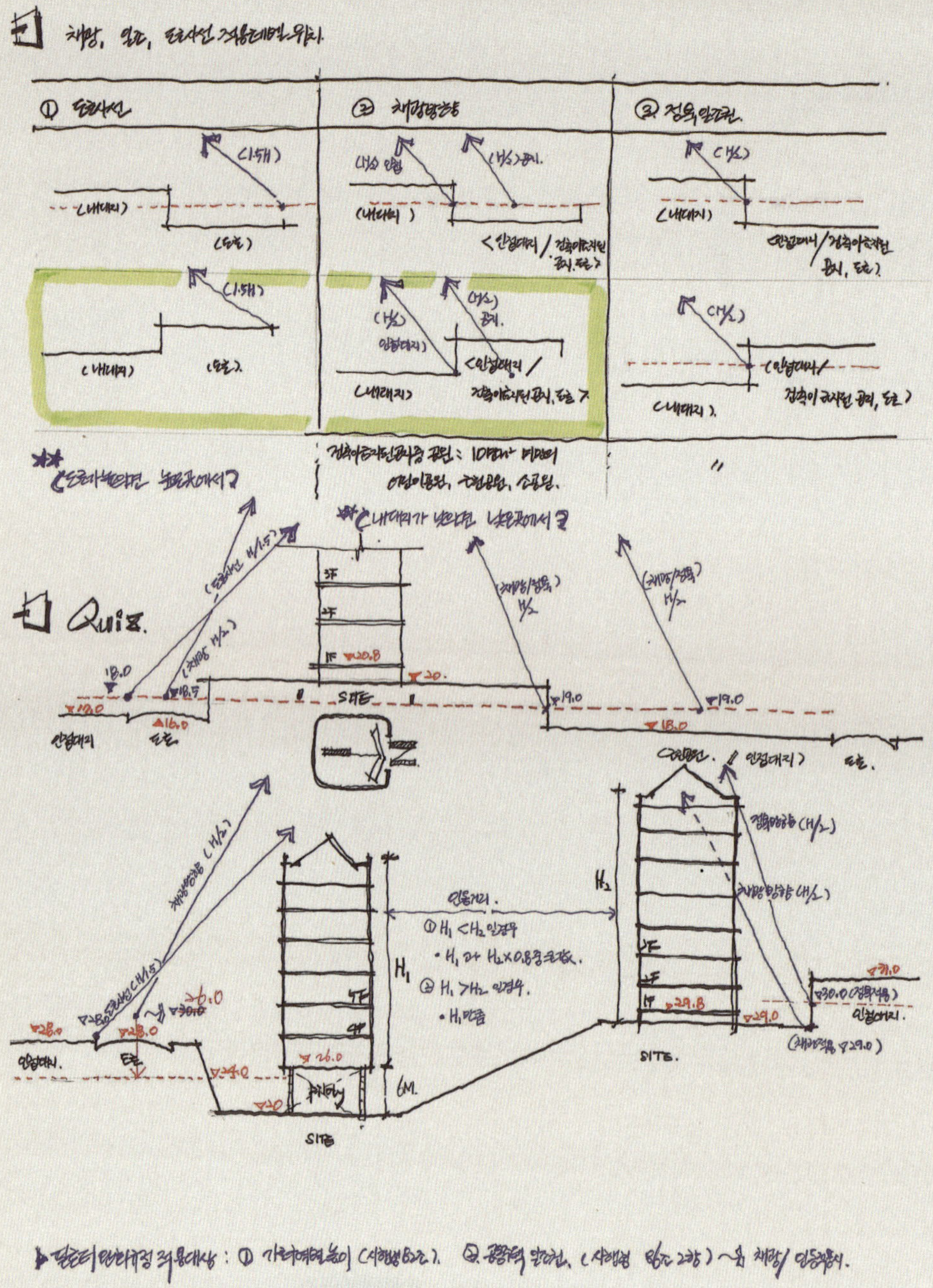

프로젝트 진행 당시 레벨에 따른 법규사항을 팀 동료인 조지형 차장이 정리하였다.

공동주택의 기본 적용 법률

법률	조례	지침	비고
국토의 계획 및 이용에 관한 법률	도시계획조례	제1종 및 제2종 지구단위계획수립지침 도시관리계획수립지침	
건축법	건축조례		
주택법	주택조례		

사업방식에 따른 분류

사업방식	법률	사업주체	사업계획 수립방법
정비사업	도시 및 주거환경 정비법 : 정비사업의 임대주택 및 주택규모별 건설비율 도시재정비 촉진을 위한 특별법	토지 등 소유자	정비계획수립
도시개발사업	도시개발법 : 도시개발업무지침	토지소유자	도시개발계획수립
지역 · 직장조합 주택사업, 민영주택	주택법 : 주택조합 등에 대한 주택규모별 공급비율에 관한 지침	조합, 고용자 + 등록사업자	지구단위계획수립
시행사업 (지주공동사업)	주택법	토지소유자 + 등록사업자	지구단위계획수립

배치계획 시 필요한 법규는 다음과 같이 요약된다.

1. 정북방향

인접대지 경계선 혹은 도로 및 건축이 금지된 공지의 중심에서 1:2(H/2)만큼 이격이 필요하다.

주거환경개선지구의 경우 조례를 확인하여야 하고, 20m 이상 도로변은 제외된다.

2. 채광방향(개구부)

인접대지경계선 혹은 도로 및 건축이 금지된 공지의 중심에서 1:2(H/2)만큼 이격이 필요하다.

건축시행령과 서울시조례에서는 1:2(H/2)만큼 이격하나 각 시·도조례에 따르며, 주개구부에서 수직방향으로의 거리를 말한다.

3. 도로사선

도로 반대편 지점에서 수직으로 1:1.5(H/1.5)만큼 이격이 필요하다.

조례에서 정할 경우 둘 이상의 도로에 접할 시 넓은 도로를 기준으로 한다.

4. 인동거리

동간 상호 인동거리는 건축시행령과 서울시 조례에서 1:1로 정하고 있다.

하지만 남측이 낮을 경우 1:0.8까지도 가능하다(낮은 동의 높이, 또는 높은 동×0.8 중 불리한 측을 따름). 최근 인동거리완화에 대한 법규(1:0.5)가 신설되었으니 확인이 필요하다.

5. 대지안의 공지는 조례에 따라 3~6m 범위 내에서 결정된다.

6. 측벽 간 거리

건축법 시행령 4m 이상, 서울시조례 6m 이상, 해당 시 조례 확인

배치계획에 대한 단계별 스케치

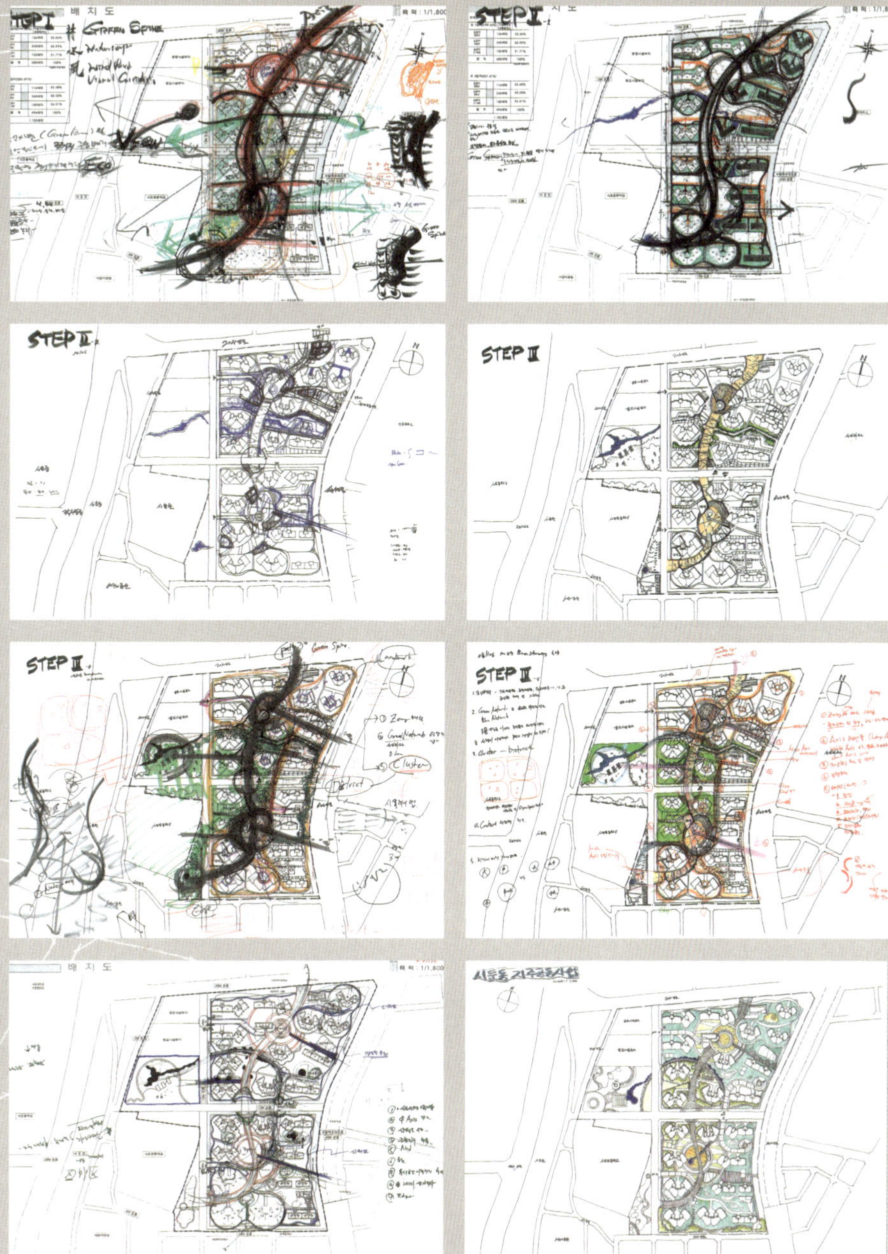

7. 채광 없는 측과 측벽 사이

건축법 시행령 8m 이상, 서울시조례 8m 이상, 해당 시 조례 확인

8. 절대높이 제한

비행구역(인근 비행장)과 지구단위계획상 층수제한 등이 있을 경우 위의 8가지가 필수 사항이며, 채광방향과 인동거리에 대한 사항은 Bar를 만들어 배치 계획 시 활용한다. 이때 건축물의 높이는 일반적으로 다음과 같이 산정한다.

(GL+0.8) + (층수×층고) + 파라펫(평지붕은 1.3m, 경사지붕은 0.25m)

또한 절대높이 제한 시에는 옥탑과 피뢰침의 높이까지 포함하게 된다.

이 밖에도 대지와 주변과의 레벨이 다를 경우 채광, 일조, 도로사선 적용레벨 위치에 대하여 숙지하여야 한다.

개념설정 및 1차 브레인스토밍

대지분석에 의한 개념스케치를 한 뒤 개요를 작성하고, 개념에 따라 입동을 시작하였다. 개념스케치를 바탕으로 축, 동선(차량, 보행자), 외부공간(공원, 광장)에 대해 레이어 구분을 통한 스터디를 진행하였다. 이때 캐드작업과 스케치를 반복하며 세대수까지 맞추어가면서, 주동과 메인축에 대한 수정과 보완이 함께 이루어졌다.

이와 같은 과정에 따라 필자 및 팀원들이 계획안 3개의 안을 가지고 비교 검토하였다.

2차 브레인스토밍

1차 크리틱 때의 3개 대안을 보완하여 2개의 대안으로 정리하고, 2차 크리틱 시 1개의 안으로 최종정리하여 다음과 같이 업무분담을 하였다.

필자: 마스터플랜 및 조경계획

김성재 차장: 주동 및 단위세대 정리

이하섭 대리: 지하주차장 계획

두 번째 브레인스토밍 때 정리한 배치의 필수요소는 다음과 같다.

기본요소

- 법규: 기본 중 기본으로 시청 및 관공서 협의를 고려
- 향, 조망, 프라이버시: 주민 입장에서 항의가 없도록 하여야 하며, 그 이유와 근거가 타당성 있어야 함
- 동선 및 부대시설: 블록 내 클러스터 조닝 후 시설 이용 및 상황별 동선을 시뮬레이션하고서 검토

추가요소

- 컨셉: 대지 현황 및 사업성 등의 분석을 바탕으로 컨셉을 도출해야 한다.
- 위계와 축: 마스터플랜은 개별 건축물에 대한 단점을 최소화하여 위계를 결정하는 것이 중요하다.
- 설득력: 누구나 납득할만한 설득력이 뒷받침되어야 비로소 배치가 완성되는 것이다.

기본요소와 추가요소를 모두 갖추어야 비로소 하나의 안이 완성되는데, 이를 위해서는 다음 세 가지의 조정에 능숙해야 한다.
첫째, 위치
둘째, 각도
셋째, 질량+모습

브레인스토밍을 왜 하는가? 이것은 단순히 이야기를 나누기 위함이 아니다. 프로젝트 디자이너는 브레인스토밍 때 제시된 의견을 정리하여 적용 가부를 결정할 권한을 갖는다. 이때 중요한 것은 프로젝트 디자이너가 그것을 판단할 역량이 되어야 한다는 것이다. 그런 면에서 필자가 두 달 전 진행했던 대천리조트 마스터플랜의 경우도 아쉬움이 많이 남는다.

머릿속에서 계획이 정리되지 않은 상태에서 그것들을 표현하게 되면 어색할 수밖에 없다. 그럴 경우 계획 초기단계로 돌아가 고민을 하게 되며, 피드백이 필요하게 된다. 이때 해결책은 무엇일까? 진지하게 그리고 냉정하게 고민해 보고 브레인스토밍의 내용을 다시금 분석해 보는 것이다.
잘 된 디자인과 그렇지 못한 디자인을 구분할 안목이 있다면 디자인을 잘 할 수 있으리라 생각된다. 다만 그렇게 하기 위해서는 수많은 시행착오를 거쳐 디자인을 잘 할 수 있는 자신만의 프로세스가 필요하다. 디자인이 풀리지 않을 때는 체크리스트를 다시 한 번 꼼꼼히 살피면서 차분히 자신의 프로세스대로 진행해 보자. 여기서 다시 한 번 업그레이드가 이루어진다. 스스로가 평상시 목표를 위해 열심히 노력해 왔다면 잘 할 수 있을 것이라는 믿음을 버리지 말자. 처음 경험하더라도 할 수 있다는 자신감이 계획의 완성도를 높여 줄 것이다.

배치가 마무리될 즈음해서 초기단계의 실수 몇 가지가 눈에 발견되었다. 메인도로 진입 폭(8m) 및 보행로 폭(최소1.5m), 녹지폭(2m씩)을 충분히 확보해야 하고, 주동을 필로티로 계획하더라도 차량 진입폭 6m와 함께

수원시 서둔동

양측으로 1m씩은 이격해야 하므로 차량 통과 시 최소 8m는 필요하다. 이때 필로티 하부는 벽식 개념으로 보면 주차가 들어오기 힘들었다. 또, 외부공간 계획 시에도 몇 가지 검토해야 할 사항들이 있다. 주택건설 기준 등에 관한 규정을 보면, 어린이 놀이터의 경우 건축물(유치원, 보육시설, 주민운동시설 및 청소년 수련시설 제외)의 외벽 각 부분으로부터 5m(개구부 없는 측벽은 3m) 이상, 인접대지 경계선(공지에 접한 경우 반대 경계선)으로부터 3m 이상, 주택단지 안의 도로 또는 주차장으로부터 2m 이상의 거리를 두어야 한다고 언급되어 있다. 그리고 주민운동시설의 경우 주택의 외벽 각 부분으로부터 5m(측벽 3m 이상), 인접대지 경계선으로부터 1m 이상 이격해야 한다.

한계를 만드는 것도 나 자신이고, 그것을 풀어가는 것도 나 자신이라는 생각을 가끔 한다. 이러한 생각을 하면서 그동안 정리된 내용들을 바탕으로 조경계획까지 정리함으로써 2주간의 작업을 완료하였다.

천안시 원성동 재개발사업

client | 조합

설계년도 | 2008.11

프로젝트 시작 전 다음과 같이 세 단계로 분류하여 계획단계의 일정을 예상하였다.

11.20~21 개요 및 배치대안 작성

11.24 브레인스토밍, 매스스터디, 조경디자인

11.25~26 배치계획 개선 및 조경계획 캐드 작업

대상지는 천안시에 위치한 가로 200m, 세로 286m, 59,394m^2 면적의 땅이다. 부지 내 경사도는 5% 정도이며 남측이 경사가 높은 남고북저의 지형이다. 대지의 동쪽으로 35m 도로와 경부고속도로가 지나가고, 건너편 태조산, 흑성산 쪽에는 시에서 운영 중인 휴양림과 연수원이 다수 위치하고 있다. 대지의 북서쪽에는 태조산으로부터 이어지는 하천이 흐르고 있는데, 해가 지고 나면 지역주민이 모여 산책과 운동을 하는 공간으로 대지에서 50m 정도의 거리에 있다. 대지의 남측과 서측은 2층 규모의 단독주택이 밀집해 있는 기존 주거지이다.

초기 매스모형

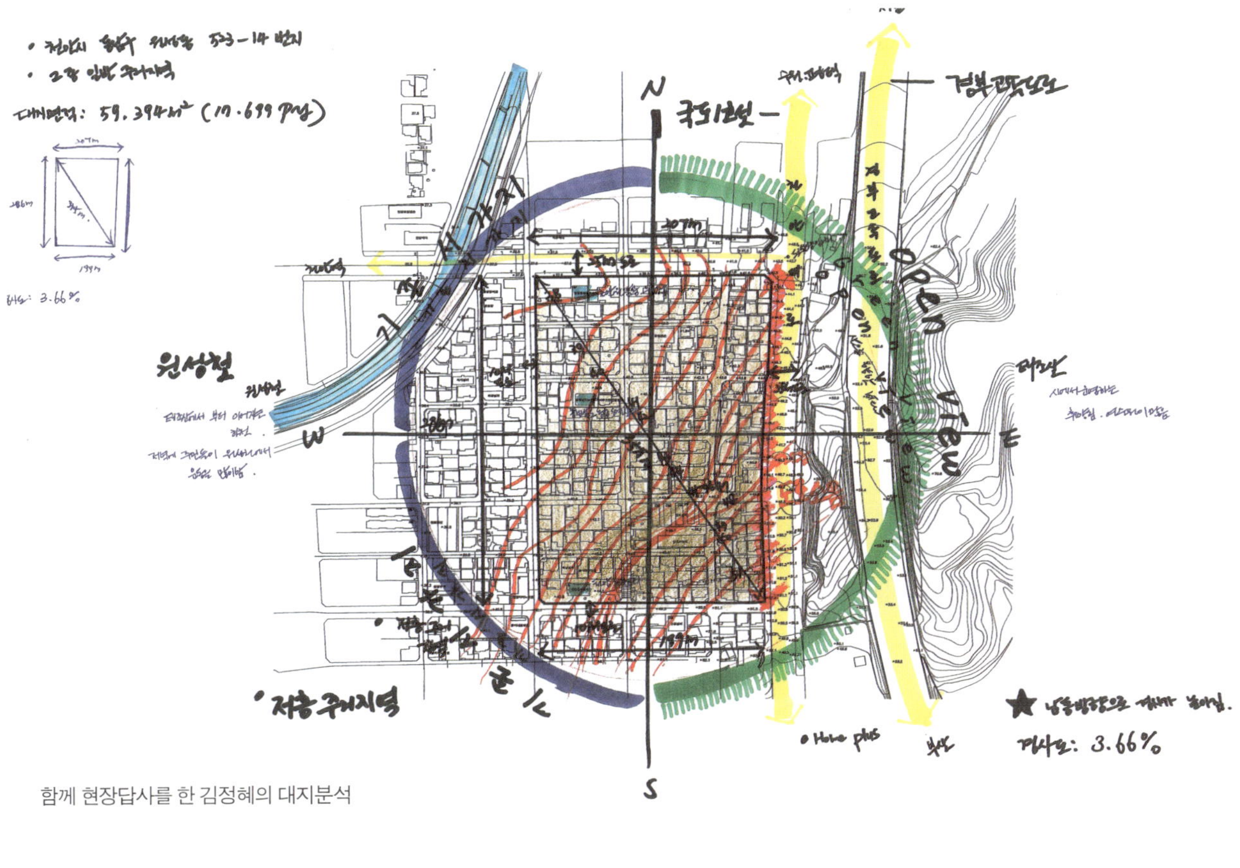

함께 현장답사를 한 김정혜의 대지분석

현장사진

대지에서 느낀 점은 다음과 같다.

현장을 돌아보면서, 저층의 단독주택 필지들이 꼭 공동주택으로 개발이 되어야만 하는지 의구심이 들었고, 경제적 논리에 의해 삶의 환경이 지배받는 현실이 슬프기 그지없었다. 하지만 건축가에게는 개발의 가부를 결정할 권한이 없다. 그러므로 건축가의 입장에서는 개발을 현실로 받아들이고, 어떻게 하면 더 좋은 환경을 만들 수 있을까를 고민하는 것만이 최선의 선택이 될 것이다.

저층주거, 하천, 고속국도, 흑성산, 태조산등 주변의 물리적 환경분석과 인문학적 분석을 통해 찾아낸 키워드는 다음과 같다.

Rest - 북동측 태조산 중턱에 시에서 운영 중인 휴양림과 연수원이 많다.
Health - 서측 원성천을 이용하여 조깅, 산책 등 주민운동시설 이용 효과가 있다.

Nature - 동측 35m도로 - 경부고속도로 - 흑성산 측은 수려한 경관을 자랑하나 1번 국도 및 경부고속도로에서의 소음에 대한 대책이 필요하다.

1. 광역현황분석
2. 대지현황분석
3. 조감 뷰에서 주변현황분석

주거비율 및 용적률에 따른 동수 산정을 통해 배치에 필요한 주동의 수를 짐작할 수 있다.

39U: 38세대(5%) → 13F 1개 동(3호 조합)
59U: 76세대(20%) → 13F 2개 동(3호 조합)
84U: 532세대(70%) → 15F 9개 동(4호 조합)
115U: 114세대(15%) → 15F 2개 동(4호 조합)

대지에서 느꼈던 기억들을 떠올리며 공동주택이 들어선 모습을 상상해 본다. 대지는 레벨차에 의해 4개의 조닝으로 구분되고, 남동측 정상에서

법규분석

- 2010 천안시 도시주거환경정비 기본계획 수립
  - 3만m^2 이상이나 1,000세대 미만의 경우 세대당 2m^2 이상 또는 개발면적의 5% 이상 중 큰 면적 기준으로 공원, 녹지를 설치하게 되어 있다.
- 2010 천안시 도시주거환경정비 기본계획
  - 탁아소, 경로당 300~500m^2
- 충청남도 공동주택건설에 대한 위원회 검토, 심의 통합지침
  - 전용면적별 주차장 확보기준
    60m^2 미만 세대당 1.0대 이상
    60m^2 이상 100m^2 미만 세대당 1.2대 이상
    100m^2 이상 130m^2 미만 세대당 1.6대 이상
    130m^2 이상 세대당 2.0대 이상
- 천안시 건축조례
  - 대지안의 공지, 건축한계선 6m
- 도시 및 주거환경정비법 시행령 제13조의3
  - 분양을 목적으로 하는 국민주택규모 : 80% 이하
  - 임대주택은 전체 세대수의 17% 이하
  - 40m^2 이하 임대는 전체 임대의 40% 이하
- 주택 재개발사업의 임대주택 및 주택규모별 건설비율 고시(충청남도)
  - 임대주택은 전체 세대수의 8.5% 이상
  - 40m^2 이하는 임대주택의 15% 이상 또는 전체 세대수의 2.5% 이상
  - → 위의 두 사항을 합하면 임대주택은 전체 세대수의 8.5~17% 40m^2 이하는 임대주택의 15~40% 혹은 전체 세대수의 2.5% 이상을 충족시켜야 한다.

대지의 모습이 한 눈에 내려다보인다. 상상과 함께 개략적인 주동을 배치해 본다. 스카이라인이나 저층부 필로티 등을 감안하여 적당한 규모의 주동을 배치하고, 대지의 형상에 어울리는 배치안을 결정한다.
총 두 개의 안으로 좁혀졌는데,
1안은 평균층수 19.75층(최고층수 23층), 11개동으로 계획이 되고,
2안은 평균층수 14.95층(최고층수 19층), 14개동으로 계획되었다.

소음이 심한 도로변에 측벽배치를 하고, 주동계획은 정리가 되었지만, 계획단계의 배치를 마무리하는 시점에서 부대시설 및 옥외공간 계획이 생각처럼 정리되지 않아서 시간이 지체되었다.
계획의 끝자락에서 계속되는 고민들, 정해진 일정 안에서의 마무리 단계는 항상 쉽지 않다.

건축과에 입학하고 나서 했던 일들

1997년 건축과에 입학하고 난 뒤 대학생활 ~ 설계사무소에 입사하여 건축 실무를 배워가는 동안 매 순간 열심히 살아왔다. 매 순간 어떤 것이 자신에게 보람되고 재미있는 것인지 고민했고, 내가 잘할 수 있을 것 같은 일을 즐겼던 것 같다.

1997.03 건축공학과에 입학하면서 건축과 마주치다
1998.05 유니텔 건축동호회 '아키뜨리에' 활동
1998.07 영남지역 전통건축 답사
1998.08 안도타다오 강연후기 기고
1998.12 호남지역 전통건축 답사
1999.04~2001.06 군 복무
2003.05 Form-Z 디지털워크숍 참가
2003.05 교내 3학년대상 디지털워크숍 개최
2003.05~06 유럽 7개국 배낭여행
2003.06 서울건축학교 새만금워크숍 참가
2003.09 공간국제학생공모전_참가
2003.10 태양에너지 건축설계공모전_장려상
2003.11 경기건축대전_최우수상
2004.04 부산 낙동강 에코센터 국제현상설계_참가
2004.06 서울건축학교 목포워크숍 참가
2005.03~09 열린사회시민연합 해뜨는 집 서대문지부 활동
2005.05 일본건축답사
2006.12 동대문디자인파크프라자 아이디어 공모전_장려상
2007.12 일본 건축답사

단계별 배치계획안

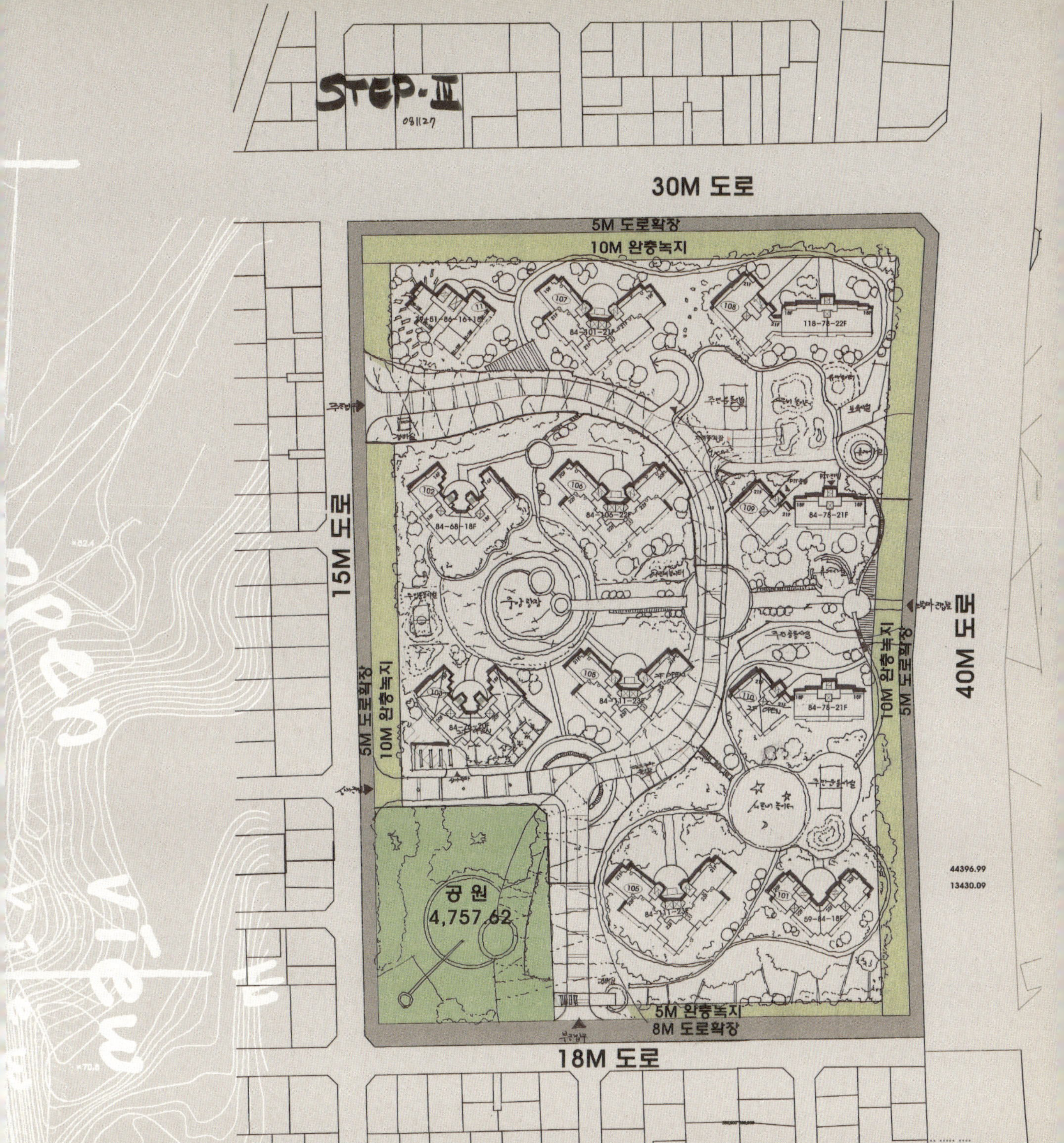
STEP-Ⅲ
081127
30M 도로
5M 도로확장
10M 완충녹지
15M 도로
40M 도로
18M 도로
5M 완충녹지
8M 도로확장
공원
4,757.62
118-78-22F
84-78-21F
84-68-18F
59-84-18F
44396.99
13430.09
open view

성남시 신흥2지구 재개발 현상설계

발주처: 대한주택공사

설계년도: 2009. 01~02

성남이라는 도시는 경사가 급하고, 많은 지역이 고도제한구역으로 묶여 있는 등 공동주택계획에 있어 제약이 크다. 대한주택공사에서 2009년 1월 발주한 신흥2지구 재개발 현상설계도 고도제한 때문에 15층 이하로 층수가 제한된 경우 중 하나이다.

대상지는 경사가 심하고, 북서측이 경사지로 구성되어 테라스 형태의 주거도 합리적이지 못하다는 단점을 가지고 있다. 바꾸어 말하자면 경사지 극복이 프로젝트의 핵심이라는 것이다. 제한된 218~232%의 블록별 용적률과 제한 층수를 만족시키며 배치하기 위한 해결책은 두 가지로 압축되었다.

첫째, 경사를 따라 켜를 나누고, 그 켜들 사이를 자연스럽게 연결하는 것이다. 켜를 따라 자연스레 단지순환동선이 생기고, 켜를 가로질러 산 정상과 아래 도시를 연결하는 고리를 생성하는 것이다.

둘째, 4호 이상의 주호조합을 통해 옥외공간을 최대한 확보하는 것이다. 층수와 용적률이 제한된 상황에서 주동의 수가 많을수록 옥외공간은 협소해질 가능성이 높기 때문이다.

현상설계 당시
제출한 판넬

또한 최근 부대복리시설에 대한 요구가 증대하고 있고 본 현상설계에서도 연도형 상가를 제안하도록 되어 있다. 상가시설에는 다양한 용도의 시설물들이 제안되는데 운동시설, 독서실, 골프연습장 등의 시설은 주민들의 좋은 반응을 얻고 있다. 하지만 시설이 들어서고 난 후에는 유지비용 등의 문제로 운영이 중단되거나 사후 관리가 안 되는 경우도 많기 때문에 시설의 용도를 결정할 때에는 신중을 기해야 한다.

필자는 프로젝트 중반부터 참여하여 약 2주 동안 5개 타입의 주동입면계획, 연도형가로 입면계획, 근린생활시설 계획을 수행하였다. 프로젝트 중반까지 다른 프로젝트를 진행하고 있었지만, 회의에는 계속 참여했었기 때문에 중간에 합류하게 되었어도 부담감은 덜 했다.

마스터플랜은 컨셉에 따라 산 정상을 감싸는 세 개의 켜를 가지게 되는데,
산 정상의 녹지와 만나는 green zone (nature)
중간레벨에서 단지 내 생활의 중심이 되는 white zone (human)
최하단에서 주변 도시와 소통하는 live zone (Urban) 으로 나뉜다.

이에 따라 주동의 유형도 컨셉을 따라 크게 green, human, urban의 세 가지로 나누고, 여기에 연도형 타입을 추가하여 총 네 가지 형태의 주동을 계획하였다.

Type 1	**Green Tower**	Color: Green Concept: Green flow Material: Glass
Type 2	**Human Tower**	Color: Brown Concept: Communication Material: Brick / Wood
Type 3	**Urban Tower**	Color: Blue Concept: Hi-tech Material: Glass
Type 4	**Street Tower**	Color: Brown Concept: Dynamic Link Material: Wood / Glass

MASTER PLAN
SCALE : 1/1200 **단지계획도** 02

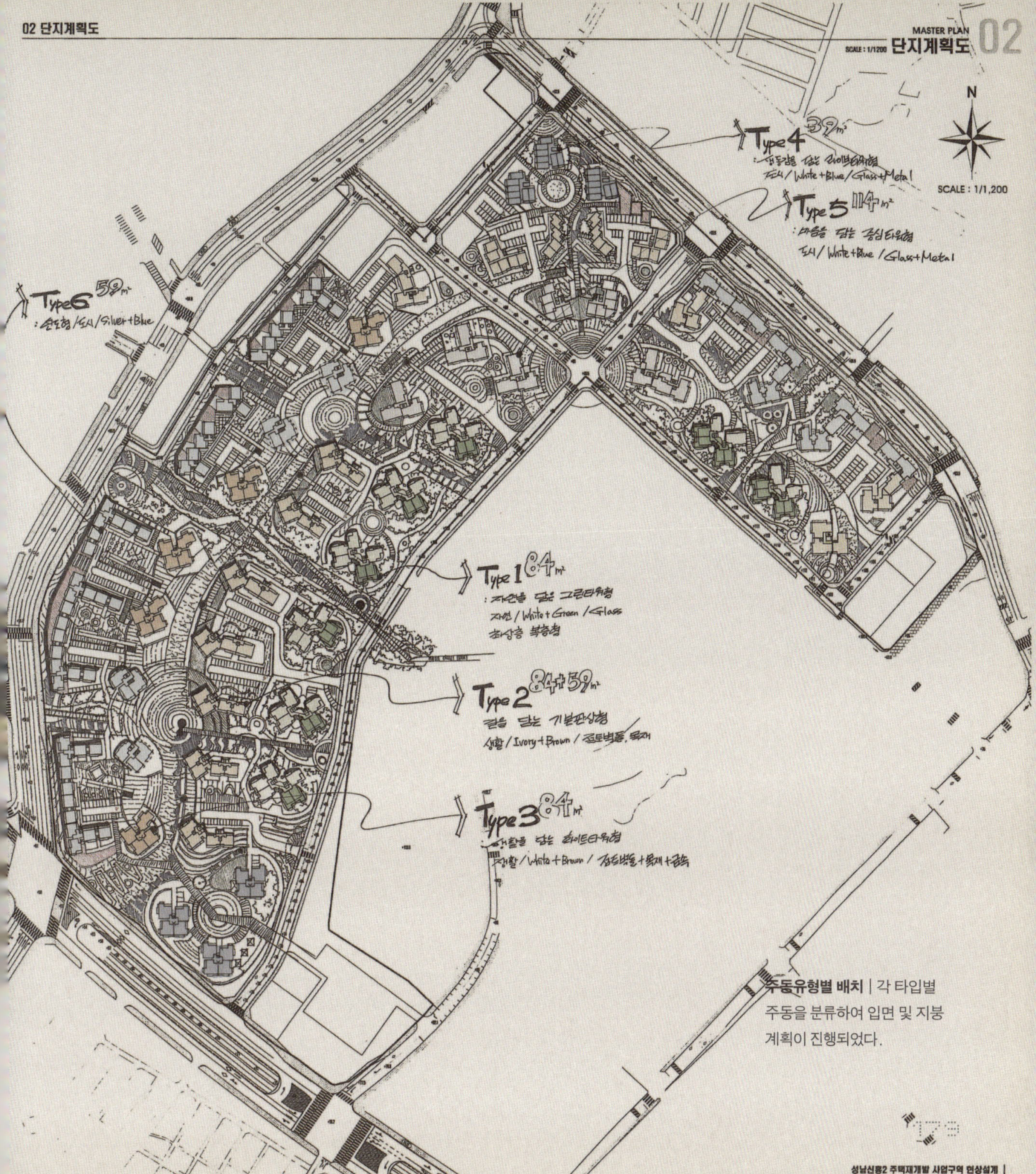

주동유형별 배치 | 각 타입별 주동을 분류하여 입면 및 지붕 계획이 진행되었다.

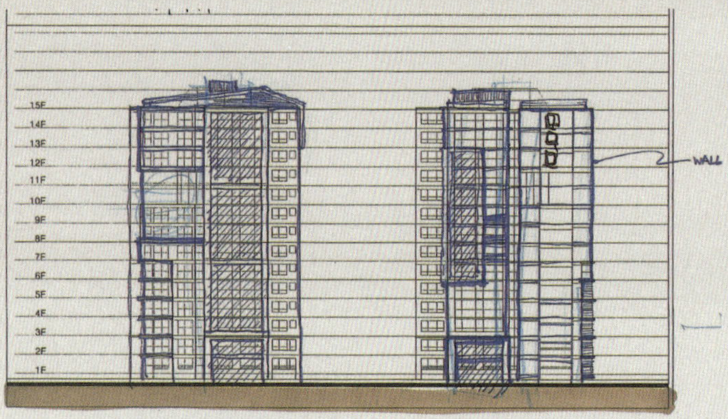

Urban Tower 1

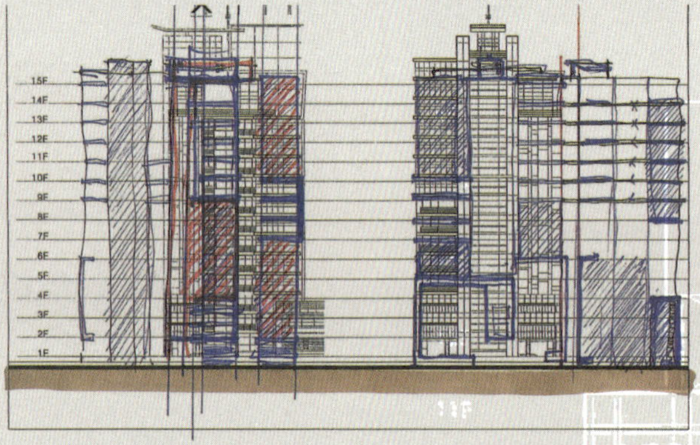

Urban Tower 2

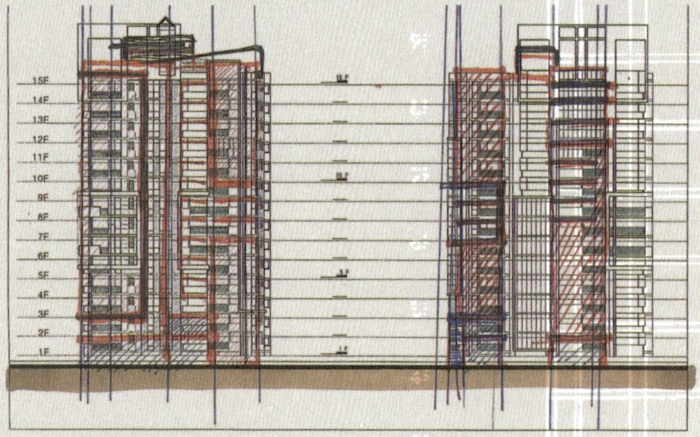

Human Tower 1

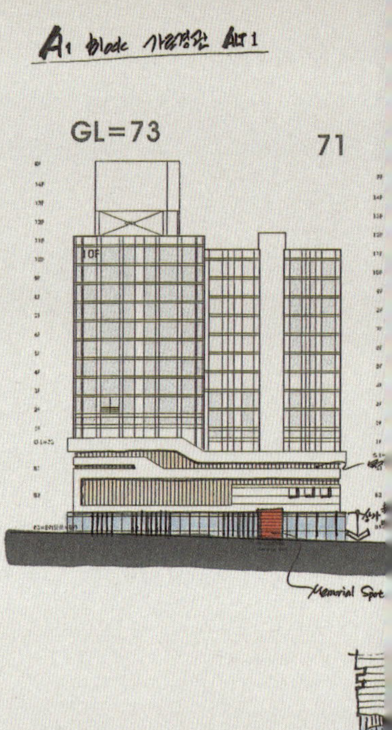

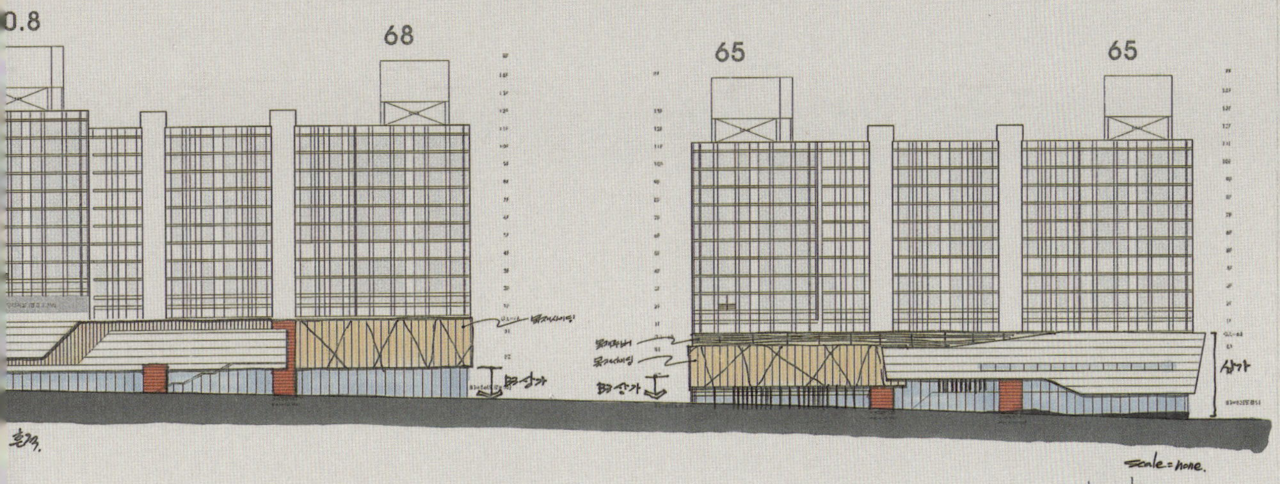

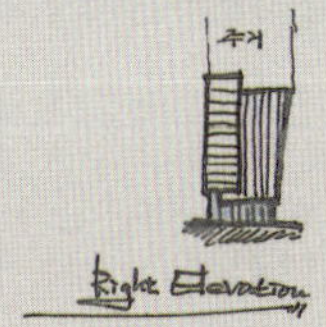

연도형생활가로 스터디

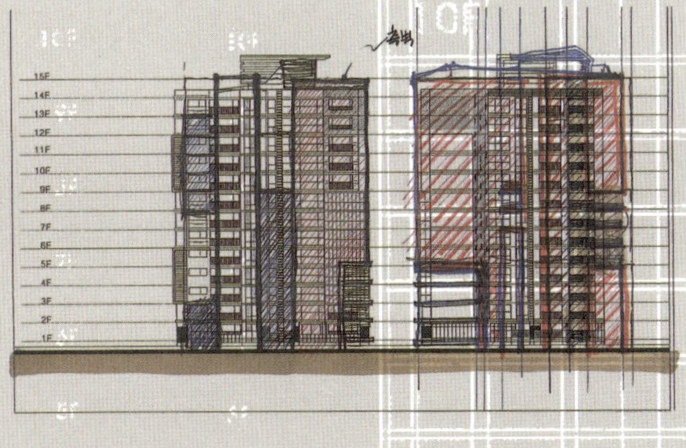

Human Tower 2

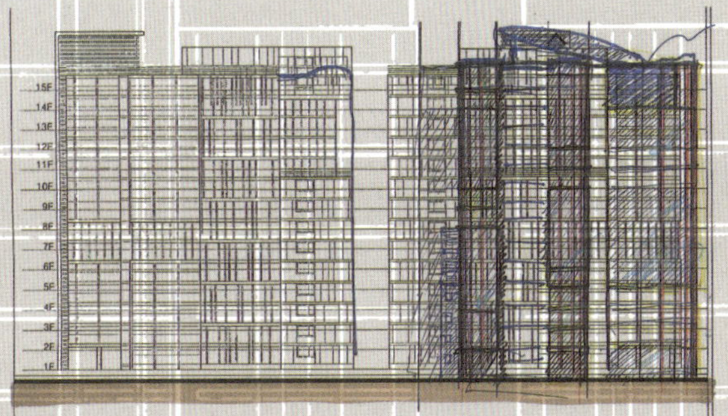

Green Tower

주동의 입면은 평면 형태에 따라 생기는 일률적인 형태의 창호들을 어떻게 조닝할 것인가에 따라 결정된다. 기단부, 중층부, 상층부의 수직적 입면요소를 염두에 두고, 벽체를 돌출시켜 조닝하는 것에 지붕디자인을 더하게 되면 입면은 나름대로의 형태를 갖게 된다. 입면을 계획하기 전 최근 시공된 공동주택들을 돌아보았지만, 현상설계에서 보이는 입면들과는 매우 상이했다. 이는 현상설계안과 실제 시공되는 건축물의 차이를 보여주는 것이라 생각된다. 현상설계에 당선될 때의 모습과 이것이 실제 지어질 때는 다른 모습으로 변모하는 것이다. 이와 같은 맥락으로 지침에서는 입면계획 시 커튼월을 지양하도록 되어 있지만, 실제로는 커튼월 디자인의 입면을 제출한 설계사무소도 눈에 띄었다.

모듈화되어 있는 입면은 그 범위 내에서 매스나 스킨이 결정되기 때문에 제한적이기도 하지만, 그것을 적절하게 깨어 주면 입면에 상징성을 줄 수 있었다. 어떤 건축물에서도 매스의 비례와 채우고 비움을 고민하는 과정은 필요하다.

이런 사람과 함께 일하고 싶다

첫째, 긍정적 인재

아무리 어려운 시기라도 해결책을 찾아보는 긍정적 마인드에서 좋은 아이디어가 나온다.

누구에게나 어려움은 있는 것이고, 그것은 어쩔 수 없는 것이다. 긍정적인 이는 힘들어도 해결책이 있다고 믿고, 어려움에도 굴하지 않는 사람들이다.

둘째, 창의적 인재

창의력을 이야기할 때 가장 대표적인 사례가 두바이이다.

두바이의 지도자 셰이크 모하메드는 왕세자 시절 200명의 싱크탱크와 함께 두바이의 해안선을 연장할 거대한 프로젝트를 생각해낸다. 예전 같으면 국력을 과시하며 전쟁을 통해 해안선을 연장했겠지만, 두바이는 300여 개의 인공섬으로 이루어진 '더월드'를 개발한다. '더월드'는 지도자가 가지고 있는 비전을 창의적인 아이디어로 현실화시킨 사례이며, 창의적인 아이디어는 위기를 헤쳐나가는 최선의 방법이다.

꾸준히 창의적이어라!

셋째, 진정성이 있는 인재

실무 초기부터 일정 기간까지는 능력이나 스킬이 중요시되지만, 그 이후부터는 자신의 일에 대한 열정과 사랑을 가지고 있는지 여부가 중요하다. 필자는 건축과에 진학하고 나서도 스스로가 구체적으로 무엇을 좋아하고 무엇이 되고 싶은지 모르고 있었지만 건축을 해야겠다는 결심을 하고서는 진심을 다하게 되었다.

단위주동의 모델링 결과물

green1-1

green1-2

human1-1

human1-2

human2

urban1-1

urban1-2

urban2-1

urban2-2

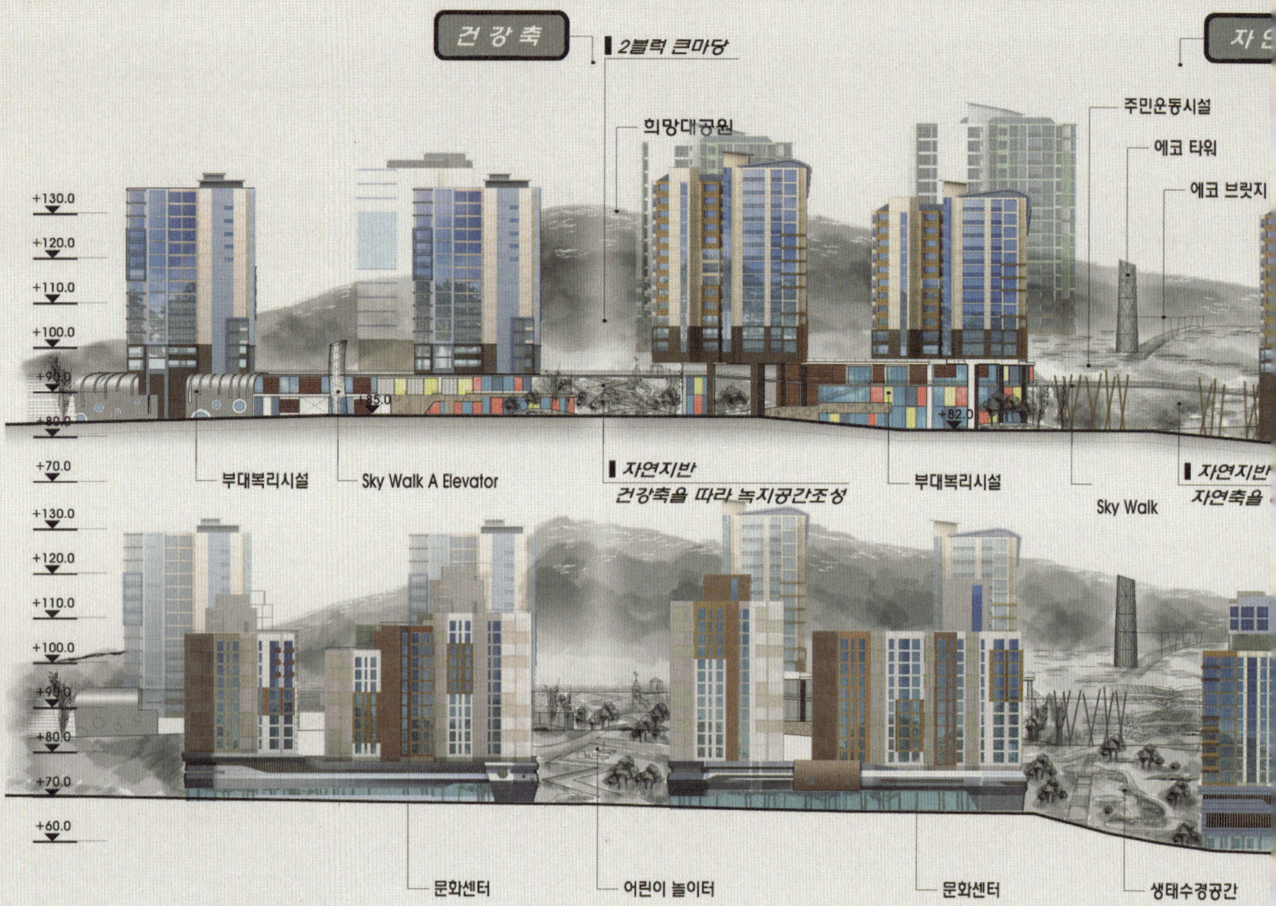

생활가로변 Human Tower

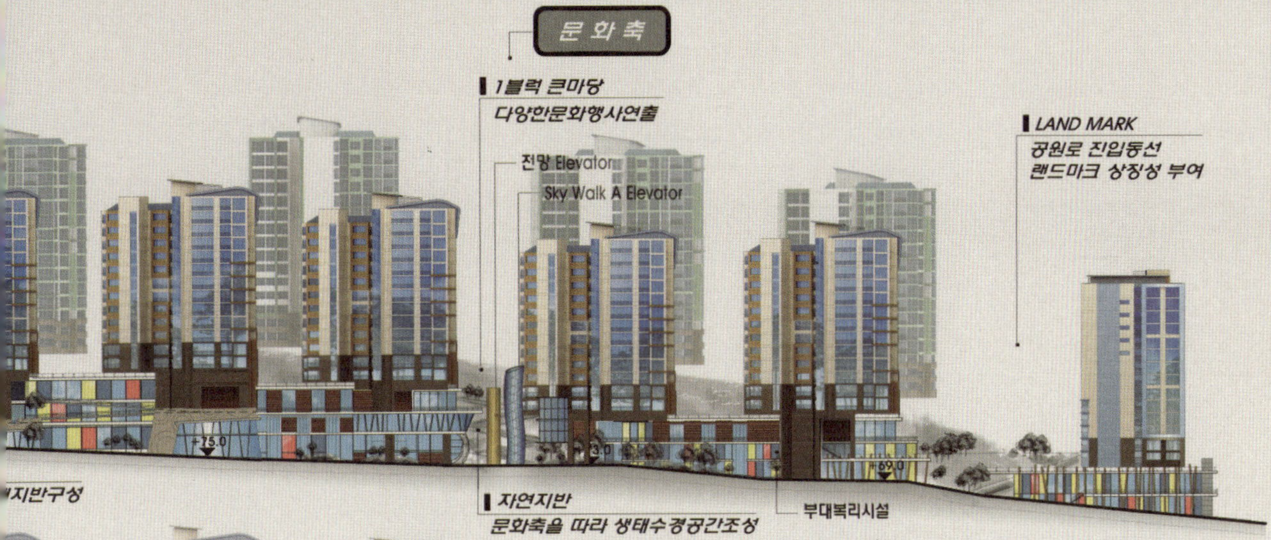

WHITE PATH

LIVE STREET

생활가로변 주동(상)과 연도형 주동계획(하)

남양주 묵현지구 아파트

발주처 | ○○건설

설계년도 | 2009.09

2009년 9월. 현상설계 도중 공동주택의 배치계획을 검토하게 되었다. 타 설계사무소에서 기존에 작업한 계획안이 있었으나 대지 면적이 줄어들면서 계획을 새로 잡아야 하는 상황이었다. 현재 시행사의 토지매입이 완료되지 않은 상황이었고 계획안에 대한 구체적 협의도 이루어지지 않았기 때문에 계획안에 대한 구체적인 요청은 없었고 필자 또한 본부장의 긴 설명을 듣지 않아도 상황을 이해할 수 있었으므로 단위세대의 비율에 대한 내용만 파악하고 바로 검토에 들어갔다. 팀원 모두가 현상설계에 집중하고 있는 상황이라 3일 정도 혼자서 마무리 하는 것으로 일정계획을 세우고 작업을 시작했다.

마스터플랜

오전에 본부장과 간단한 미팅을 하고 기존 계획안 및 법규에 대해 검토한 후 궁금한 사항들을 정리하기 시작했다. 기존 계획안에 대한 개요와 배치를 받아보았으나 주변 및 사업지에 대한 레벨을 알 수 없었고 토지이용계획에 대한 내용과 지구단위계획 신청 시 평균 층수에 대해 협의한 내용을 알아야 했다. 일단은 현재 토지 매입이 완료되지 않은 시점이므로 지반조사 및 지형도를 구하기 쉽지 않아 레벨을 배제한 상태에서 계획을 진행해야 했다. 단지 내 레벨차가 생기더라도 인동거리상 변동사항은 없기 때문에 추후 주변대지와의 연관성을 고려하여 단지의 단차가 결정될 예정이었다. 발주처에 도시계획 관련된 내용을 문의한 결과 평균층수 18층/용적률 200% 이하라는 제한사항을 확인할 수 있었다.

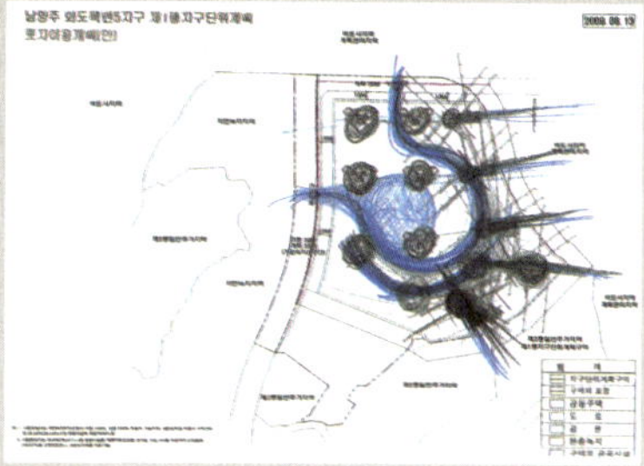
배치조닝_1

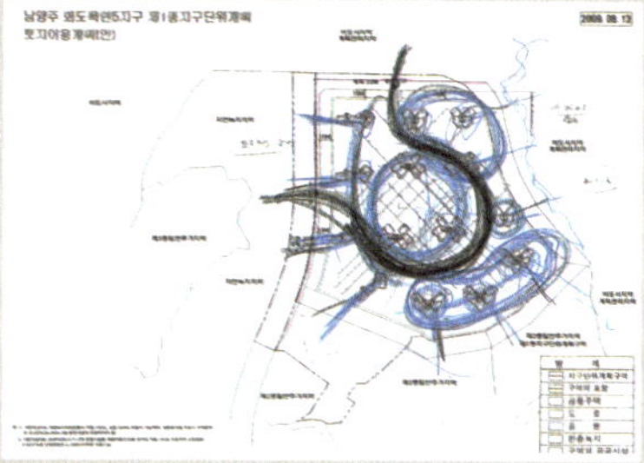
배치조닝_2

남측에는 주거시설이 인접해 있고, 서측은 35m 계획도로 건너편에 공동주택이 위치한다. 북측으로는 20m 계획도로가 예정되어 있으며, 북측과 동측은 숲으로 둘러싸여 있다. 이와 같은 조건에서 계획에 들어가기 앞서 스스로 몇 가지 원칙을 정하였다.

1. 지구단위계획상 상부는 공동주택용지로, 하부는 공원으로 영역이 구분되었으므로 남측 주거시설과의 연계성을 고려할 것.
2. 주변 환경에 적합하게 판상형과 타워형 주동을 적절히 배치할 것.
3. 사업성을 고려하여 특별한 조건이 주어지지 않을 경우 2호 조합의 주동은 지양할 것.

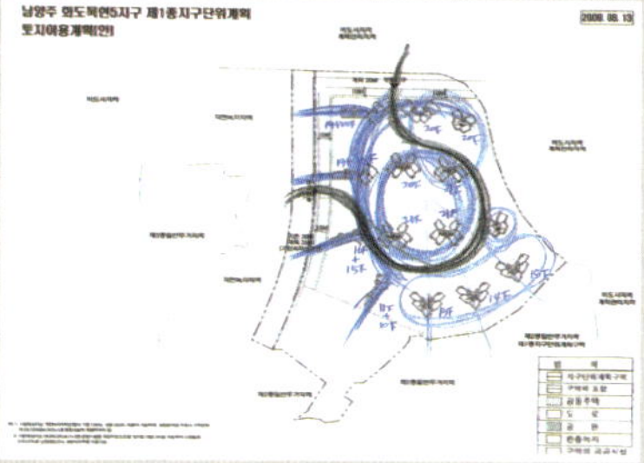
배치조닝_3

법규

경기도 도시계획조례 제5조1항: 동길이 50m 이하의 6호 조합 주동 사용 가능
남양주시 건축조례 별표2: 인접대지 경계선 및 대지안의 공지 기준-3m 이상 확보
주택건설 기준 등에 관한 규정 제25조3항: 1천 세대 이상 2천 세대 미만 - 15m 이상의 진입도로 계획
주택건설 기준 등에 관한 규정 제27조1항: 전용면적 85m^2 이하-1/85
전용면적 85m^2 초과-1/70 (1대당 소요면적m^2)

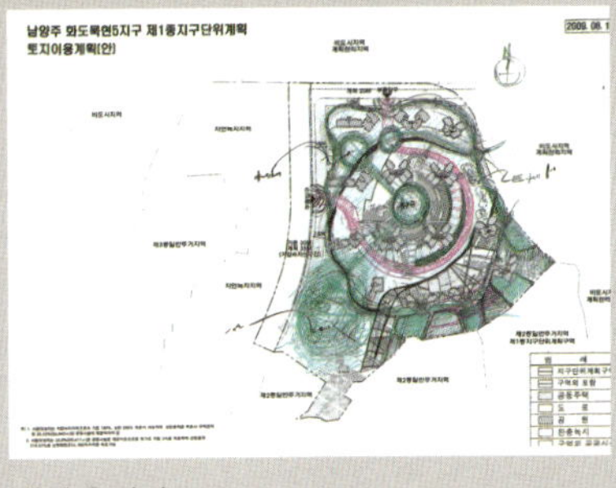

배치 초기안

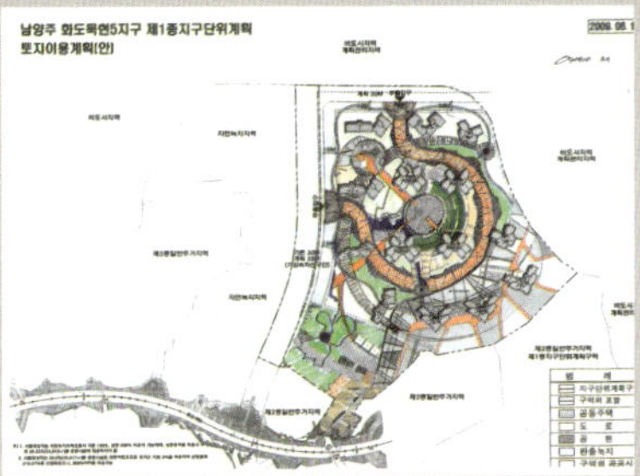

배치 중간안

배치 최종안

배치검토를 하기 전 전용면적에 따른 주동의 비율을 조정하면서 법적 용적률에 따라 세대수를 계산한다. 계산된 세대수에 따라 평형별 주동의 수가 산정되면 약간의 여유치를 가지고 계획안의 검토를 시작한다. 관련 법규와 스스로 정한 원칙을 바탕으로 두 가지 계획안에 대해 검토하였다.

대지의 북측과 서측의 차량 진입구를 통해 단지를 원형으로 순환하는 보차혼용 도로를 계획하고 도로의 내측에 중앙광장을 중심으로 방사형 주동배치를 이룬다. 또한 대지 서측에 위치한 35m 계획도로에서의 소음이 심할 것으로 예상되므로 도로 측으로 판상형 주동을 측벽 배치하고 대지의 동쪽 산림을 향해 타워형 주동을 배치하여 열린 조망권을 확보한다. 또한 평균층수 18층으로 용적률 200%를 충족시켜야 하므로 5호 조합이나 6호 조합의 가능성을 열어 두었다.

첫 번째 계획안이 합리적이기는 하나 판상형과 타워형의 주동을 적정비율로 배치하다 보니 용적률이 부족할 수도 있을 것 같아 두 번째 계획안인 용적률 측면에서 유리한 대안으로 검토해 보았다. 대지의 북측과 서측처럼 인접도로와 면하는 곳은 채광 및 일조에서 유리함이 있어 타워형을 배치하고, 대지의 동측과 남측과 같은 인접대지나 소규모 공원의 경우 측벽 배치를 적용하였다.

주동 배치

두 계획안에 대한 개략적인 검토를 끝내고 우선 84m², 118m²의 전용면적에 따른 타워형과 판상형, 절곡형의 주동타입을 가지고 후보안에 대한 배치를 스터디했다. 보통 매스스터디를 병행하여 진행하지만 레벨에 대한 검토가 이루어지지 않은 상태에서 정리하는 계획안이라서 매스스터디보다는 상황에 따라 유동성이 있는 배치계획을 수립해야 했다. 4호 조합의 주동으로 배치를 검토해 보니 계획의 전제조건들을 만족시키기 어려웠기 때문에 5호 조합과 6호 조합의 주동을 추가하여 첫 번째 계획안을 검토해 보았다. 중앙에 6호 조합의 주동이 원형광장을 중심으로 배치되고 서측 도로변을 따라 절곡형 주동을 배치하면서 동측 숲과 접하는 면에는 조망이 용이한 타워형 주동을 배치하였다. 5호와 6호조합의 주동을 다수 사용하여 세대수에는 여유가 있을 것으로 판단되었지만 평균층수와 스카이라인, 대지의 레벨 등을 고려하여 층수를 산정해야 할 것이므로 인동거리는 최대한 확보해야 했다. 주동의 평균층수와 용적률을 기준에 적합하게 정리하는 과정을 통해 일과시간이 끝나갈 무렵 주동의 배치는 처음 대지를 보고 느꼈던 생각과 거의 일치하게 정리되었다.

동선 및 조경계획

차량동선은 주진입구에서 중앙광장을 감싸며 돌아가고 대지의 남동쪽은 주변보다 높은 데크레벨로 계획을 하였으며 데크에서 공원까지는 경사로를 통해 연결되도록 하였다. 공원과 중앙광장과의 연계성을 위해 사이에 입면 차폐율이 낮은 판상형 주동을 저층으로 배치하였으며 주변과 어울리는 도로선형을 잡기 위해 스케치와 캐드작업을 번갈아가며 사용하였다. 동선 및 조경계획이 진행되는 동안 주동의 배치도 조금씩 변경이 되었으며 초기 구상했던 아이디어가 일관되게 반영이 되었다.

건축물 계획 시에는 건축물에 대한 계획을 위주로 하였지만 공동주택의 경우에는 규모검토 시에도 건축가가 주동의 배치, 동선계획, 조경계획을 제안해야 하므로 많은 부담이 되었고 이는 아직까지 그러하다.

오전에 최종 계획안을 A1 트레싱지에 계획하고 컬러링까지 하여 배치계획을 마무리하고 사용했던 주동과 유니트를 정리하여 기획서를 마무리했다. 기획서는 단 9페이지였다. 규모검토 단계에서의 기획서는 꼭 필요한 내용들을 담아야 하지만 짧을수록 좋다.

part 6

발상을 전환하라

한국연박물관

천안시 운전지구 토지이용계획

한강르네상스 반포권역 특화사업 및 분수설치공사 현상설계

Y-PROJECT

경쟁설계를 하다 보면 차별화나 특화사항에 대한 내용들이 어김없이 등장한다.

'차별화'나 '발상의 전환'의 경우 상황에 따라 필요한 정도나 쓸모가 다르다.

경쟁의 경우 상대가 막강할 경우 상대의 스타일을 따라갈 것인가? 상대의 강점 중 어떤 것들을 선택하여 받아들일 것인가? 상대와 다르게 가야할 경우 어떤 이유 때문인가?

'차별화'나 '발상의 전환'에서 필요한 것은 단순히 다른 것이 아니라 달라서 경쟁력이 있다는 것이다.

이 때문에 본질적 가치에 대한 고민이 필요하다.

다른 디자인과 경쟁하는 것은 근본적인 다름을 만들어낼 수 없으므로 차별화를 위해서는 본질적 가치에 대해 고민해야 한다.

한국연박물관

client | 개인

설계년도 | 2009.01~04

개발사업의 핵심은 땅이 가지고 있는 입지 여건과 스페이스 프로그램이다. 그러나 스페이스 프로그램이라는 것이 시간에 따라 너무나 쉽게 변하기 때문에 경쟁력 있는 프로젝트를 진행하기 위해서는 객관적이고 분석적으로 입지여건과 프로그램에 대한 접근이 이루어져야 한다.

건축가는 하나의 건축물을 짓기 위해 오랫동안 심혈을 기울여 계획하지만 이용자는 건물이 얼마나 이용에 편리한지 보고 느끼는 대로 단순하게 받아들인다. 이렇게 단순한 이용자의 행동을 헤아리는 것이 공공이용 건축물 계획의 핵심이다. 박물관의 경우, 방문하는 관람객 입장에서 편안함과 흥미로움을 느낄 수 있도록 하고 그것을 운영하는 관리자 입장에서 관리의 효율성과 전시 준비의 용이성을 동시에 고민하는 것이 필요하다.

평소 이용자의 입장에서 바라보던 전시시설을 설계자의 입장에서 관리자 및 개발의 타당성까지 검토해야 하는 입장이 되었고, 이 어려운 일의 개발사업 계획안을 맡게 된 것이다.

제1전시관의 경우 기존 건축물의 골조는 유지하며 마감 위주로
리노베이션을 진행하였으며, 진입의 상징성과 인지성 확보를 위해
캐노피 디자인에 한국 전통의 방패연 이미지를 반영하였다.
제2전시관의 경우 신축되는 건물로 현대적인 느낌의 스텐트카이트를
모티브로 하여 역동적 느낌의 지붕선이 계획되었다.

기존건축물 외관사진

사업비전

개발환경
(사업추진배경)

- 관광의 섬, 제주 – 관광객이 많다!
  신규 관광산업 수익모델 발굴
- 천혜의 자연환경 – 바람이 많다!
  유네스코 선정 세계자연유산으로 풍부한 바람과 연의 이미지 부합
- 문화적 욕구증대 – 축제가 많다!
  매년 20~40여개의 축제가 열리며 연날리기 프로그램으로 주민참여

계획목표
(사업방향)

- 흥미를 유발할 수 있는 CONTENTS
- 전통문화 홍보에 부합되는 DESIGN
- 연+박물관에 대한 STORY
- 전달하고자 하는 MEANS

개발개념
(사업비전)

- 볼거리 – 스턴트카이트쇼
- 느낌거리 – 연만들기, 생태체험
- 놀거리 – 전통연/스턴트연 날리기
- 탈거리 – Kite-Buggies, Kite-Landboarding
- 살거리 – 연관련 아이템

사업전략

시간축

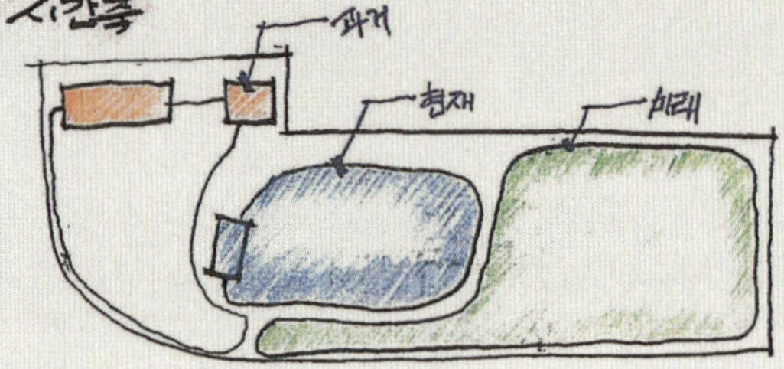

공간축

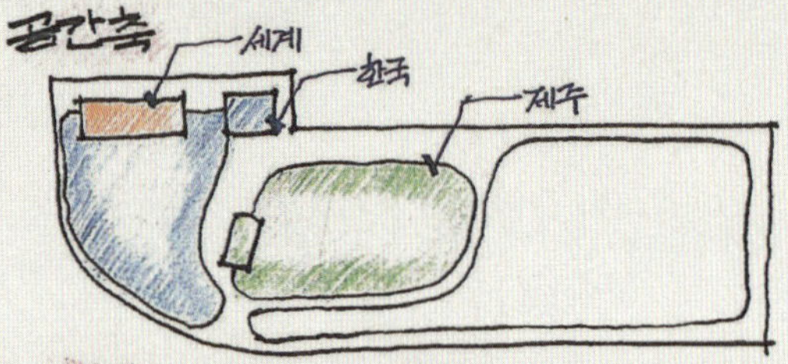

기능축

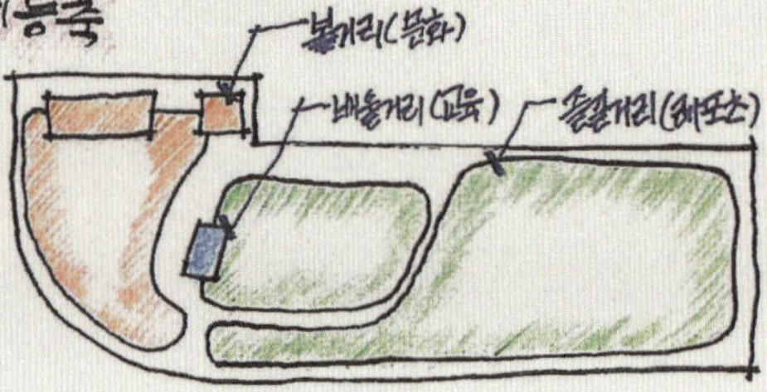

프로그램

- 기본개념 – 전시관람 → 연만들기 체험
- 전통연 날리기 (Kite)
  ↓
  스턴트연 날리기 (Stunt Kite)
  ↓
  카이트버기 (Kite Buggies)
  ↓
  카이트랜드보드 (Kite Landboard)

계획개념

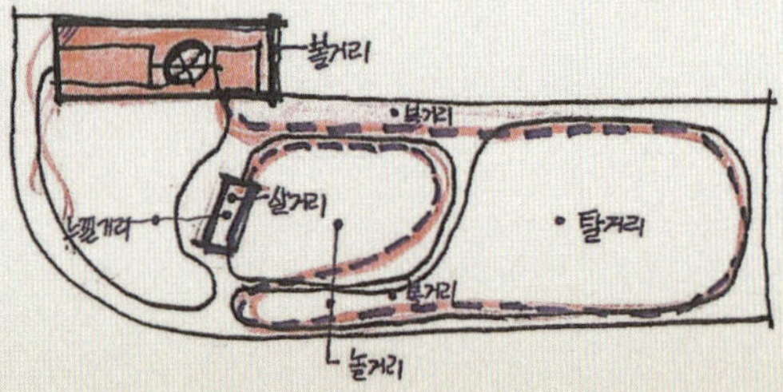

사업리스크

관광객 유치 위험요소

- 관광객 저조위험
- 계절별 편중위험

⇒

- TV광고, 온라인 UCC, 홈페이지 개설
- 전국 학생 단체체험학습관 유도
- 여행사와 연계한 타겟별 여행상품
- 제주 호텔 VIP대상으로(가족단위) 연만들기 강좌 개최 → 잠재고객
- 기업홍보관 유치 → 특수고객
- 특도이벤트로 날리기 → 다수고객
- 4계절 이용가능 아이템 개발

운영 위험요소

- 전시물 수급 위험
- 큐레이터 확보 위험
- 프로그램별 전문가 확보 위험

⇒

- 제주의 연전문가를 통한 수급지원
- 전문 큐레이터 영입
- 동호회와 연계 준전문가 확보
- 디자인 관련 협회와 연계하여 전시물 수급
- 연중내내 진행가능 아이템과 날씨등으로 불규칙하게 진행되는 아이템의 조합

부대사업 위험요소

- 프로그램 개발위험
- 시설 확장 위험

⇒

- 외부프로그램 아웃소싱
- 프로그램별 전문인력 확충
- 전시공간 확장
- 부대사업 프로그램 다양화
- 디자인이 접목된 상품개발

홍보전략

기존 제주도 관광객 유형통계

- 학생 60만
- 일반인 300만
- 외국인 220만

타겟별 마케팅 전략

- 학생 단체관람 - 여행사, 학교와 연계한 프로그램 교류로 수학여행 유치 (무료 강좌 지원 → 단체관람)
- 신혼부부 등 여행객 - 계층별 아이템 연 개발 (신혼부부를 위한 희망연... 부모님의 장수를 기원하는 건강연)
- 청소년 및 청·장년 - 레포츠 체험 Zone 개발 (유아체험 단계별 개발 중급 장소 제공)
- 노년계층 - 세계의 연 관람 전통 연싸움 개최
- 호텔, 골프클럽이용객 - VIP 문화강좌 지원 무료 연만들기 강좌를 호텔, 골프클럽에 지원하여 잠재고객 확보
- 연관련 협회 - 관련 협회 및 동호회 지원을 통한 전문수요층 확보
- 디자이너 - 최근 트렌드인 'DESIGN' 연과 접목한 서예, 일러스트, 캘리그라피, 동양화 등 디자인요소를 가미한 전시, 기념품 개발

기대효과

지역적 차원

- 우리나라 최초의 연박물관
- 지역단체와 지역활성화를 도모하는 연계 프로그램 개발(제주대, 제주디자인협회 등)

경제적 차원

- 박물관 관람료외에 디자인이 가미된 기념품 개발, 신개념 레포츠 도입으로 부수적 경제효과

사회적 차원

- 기존 관광에 교육+문화+레포츠를 접목한 복합 개념의 박물관 건설로 관광활성화에 기여

사업방향 정리

2009년 1월 제주도에 사용하지 않아 방치되어 있는 식당을 박물관으로 리노베이션하자는 의뢰를 받았다. 평소 연에 관심이 많았던 클라이언트는 우리나라 최초의 연박물관을 구상하고 있었다. 우리나라 지자체들은 행사 때 전통 연놀이나 연싸움 프로그램을 포함시키기만 했을 뿐 연에 대한 홍보나 전시에 대한 관심은 미비했다. 필자의 생각으로는 제주도와 연박물관의 연결고리를 찾는 일이 우선적으로 해결해야 할 과제였기에 모든 가능성을 열어 두고 고민했다.

개발환경

관광의 섬 제주	제주도 인구는 56만 명에 불과하지만 2008년도 관광객 수가 582만 명에 달하여 신규 관광사업 수익모델의 발굴이 용이하다.
천혜의 자연환경	유네스코에서 선정한 세계자연유산인 제주는 평균 3.3m/s의 센 바람으로 연의 이미지와 부합된다.
문화적 욕구증대	제주도에서는 매년 20~40여 개의 축제가 열리며, 이중 일부에 연날리기 프로그램이 있어 관광객 및 주민이 참여하고 있다.

계획목표

흥미를 유발할 수 있는 **컨텐츠**
전통문화 홍보에 부합되는 **디자인**
연과 박물관에 대한 **스토리**
박물관 건립을 통해 전달하고자 하는 **의미**

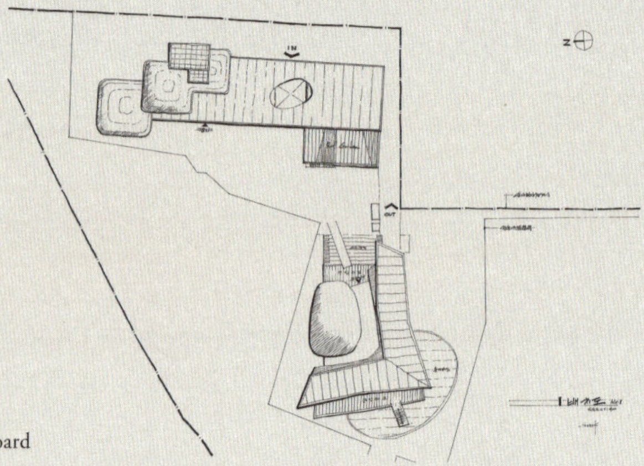

배치계획안 1

개발개념

볼거리	스턴트 카이트stunt kite 쇼, 전통연싸움 대회
느낄 거리	연 만들기, 생태체험관
놀 거리	전통 연, 스턴트 연 날리기
탈 거리	카이트 버기kite buggies, 카이트 랜드보드kite landboard
살 거리	연 재료, 연 관련 아이템

프로그램

1단계 – 전시, 관람, 전통 연 만들기 체험

2단계 – 전통 연, 스턴트 연 날리기

3단계 – 카이트 버기, 카이트 랜드보드 체험

흥행하는 컨텐츠들은 공통점이 있었다.

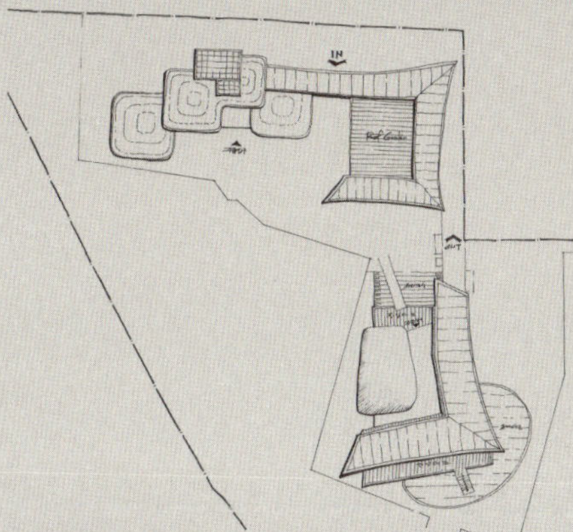

배치계획안 2

First & Interesting

누군가 최초로 시도했고, 기존의 아이템 외에도 재미있는 볼거리가 있다는 것이다.

One theme, Multi use

한 가지 주제로 다양한 이야기 거리를 만들어낸다. 관객이 무대에 올라가 참여하고, 온라인에서도 참여가 가능한 것이 특징이다.

프로젝트를 성공으로 이끌기 위해서는 모두가 납득할 만한, 제주도에 딱

고정관념을 탈피하여 성공한 사례

NANTA

첫 번째 사례는 한국 사물놀이 리듬을 소재로 주방에서 일어나는 일들을 코믹하게 드라마화한 공연 난타이다. 1997년 10월 초연부터 좌석점유율 110%의 경이적인 기록을 세우며 한국공연 사상 최다 관객동원에 성공한 난타는 2004년 프리뷰 공연을 기점으로 무기한 공연 시작과 함께 브로드웨이에서 전용관에 투자하여 무기한 공연을 시도하였다. 기존의 공연에서는 관객이 단순히 공연을 관람하는 입장이었다면 난타에서는 관객이 직접 참여하는 형태의 공연을 체험하게 되는데, 전혀 지루하지 않고 재미가 있다. 참신한 기획, 차별화된 마케팅, 철저한 공연 상품화, 해외시장 개척 등이 난타의 성공요인이다.

E-Sports

이-스포츠란 게임을 이용하는 대회뿐만 아니라 대회에서 활동하는 게이머를 포함한 엔터테인먼트 산업을 지칭한다. 국내 E-Sprots 인구는 1,700만 명에 이를 것으로 추산되며, 2004년 부산에서 열린 스카이 프로리그 결승전에 관람객 10만 명이 참가하는 대기록을 세운다. 이는 같은 시간 프로야구 올스타전의 관중이 1만 5천명이었다는 기록에 의하면 놀라지 않을 수 없는 기록이다. E-Sports는 우수한 IT인프라, 한국인의 집단적 놀이문화에 힘입어 현재까지 그 인기를 지속하고 있다.

B-Boy

'B'는 브레이크 댄스의 약자로 비보이란 브레이크댄스를 전문으로 추는 남자를 지칭한다. 하지만 이제는 단순한 춤꾼이 아니라 젊은이들의 새로운 문화코드로 자리 잡고 있으며, 2005년 12월 오픈한 비보이를 소재로 한 공연 '비보이를 사랑한 발레리나'는 뉴욕의 브로드웨이 장기공연, 영국 에딘버러 페스티벌의 2,050개 참가 작품 중 최고 작품으로 선정되는 등 아직도 그 흥행을 이어가고 있다.

어울리는 박물관의 모습이 필요했다. 제주라는 지역의 특성에서 시작해서 한국의 전통 연과 스턴트 연을 소재로 'culture + leisure'를 대표이미지로 채택하고 기존의 박물관처럼 '전시'라는 한정된 요소만을 도입하는 대신, 보다 확장된 '전시+체험+놀이'의 복합적 요소의 도입이 필요했다.
먼저 발상의 전환을 위해 NANTA, E-sports, B-boy 등 타분야의 성공사례를 검토해 보았다.

product_디자인된 상품을 개발하고, 관련 영역을 확대한다.

필자의 생각에 기존의 연을 전시하는 것만으로는 사람들의 외면을 받을 것 같았다. 연과 관련된 재미있는 놀이들을 찾아보던 중 스턴트 카이트, 카이트 버기, 카이트 랜드보드라는 세 가지 놀이 문화를 발견하였다.
이로 인해 박물관에서는 세계의 연에 대한 전시를 관람하면서 연을 직접 만들어 보기도 하고, 외부공간에서는 전통 연싸움과 함께 스턴트 카이트를 이용한 묘기쇼, 카이트 버기와 카이트 랜드보드 등 연을 이용한 탈거리를 통해 즐길 거리를 제공하여 관람객이 다시 방문하고픈 박물관으로 자리매김할 수 있을 것이다.
기존 식당건물을 리노베이션한 제1전시관에는 상설전시관, 기획전시관, 한국의 연 전시관으로 구성되고, 신축되는 제2전시관에는 세계의 연 전시실, 시청각실, 기업홍보관, 공방 및 편의시설 등으로 구성되어 다양한 교류의 장으로서 원활한 커뮤니티가 이루어지도록 계획하였다.

입면계획은 연박물관의 이미지를 나타낼 상징적이며, 차별화된 디자인 계획이 주된 의도이며, 합리적인 기능과 평면과의 유기적 연계가 되도록 하였다. 제1전시관은 한국의 전통 연인 방패연을 모티브로 하여 제주도의 옛 주거형태를 닮은 초가지붕의 형태를 그대로 유지한 채 조화를 이루게 하였다.
또한 방패연 형태의 캐노피는 전시동과 관리동을 이어 주며 조화와 전통을 상징하며 소규모 박물관만의 상징성을 부여한다. 제2전시관은 서양의 연인 스턴트 카이트를 모티브로 하여 비상하는 이미지를 강조하였고, 지형의 레벨차를 이용하여 계획되었으며, 층별 이동을 최소화한 전시동선 계획이 반영되었다.

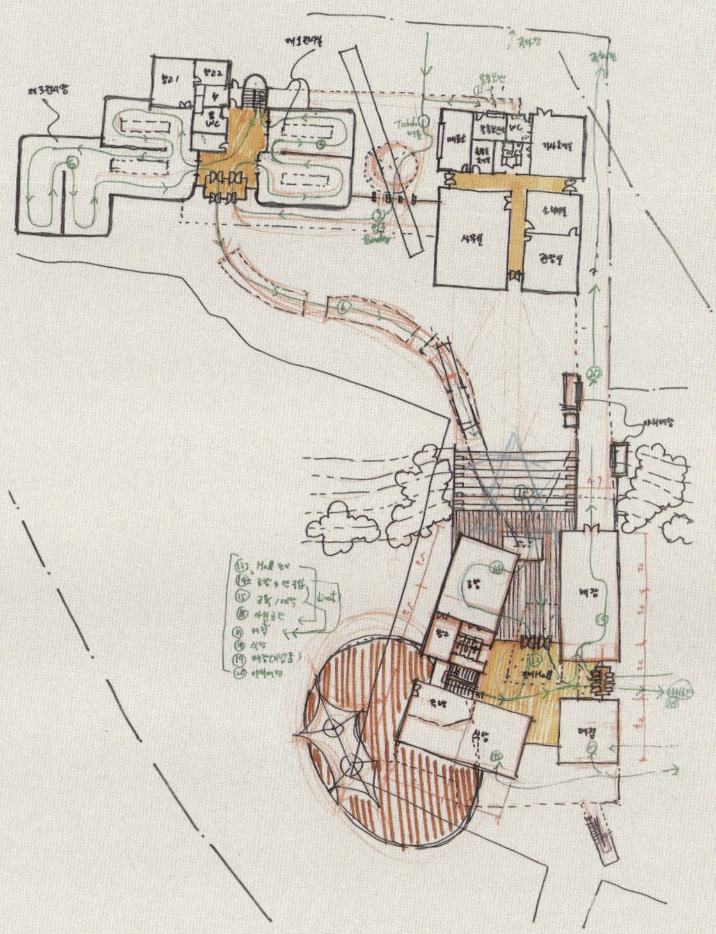

1층 평면

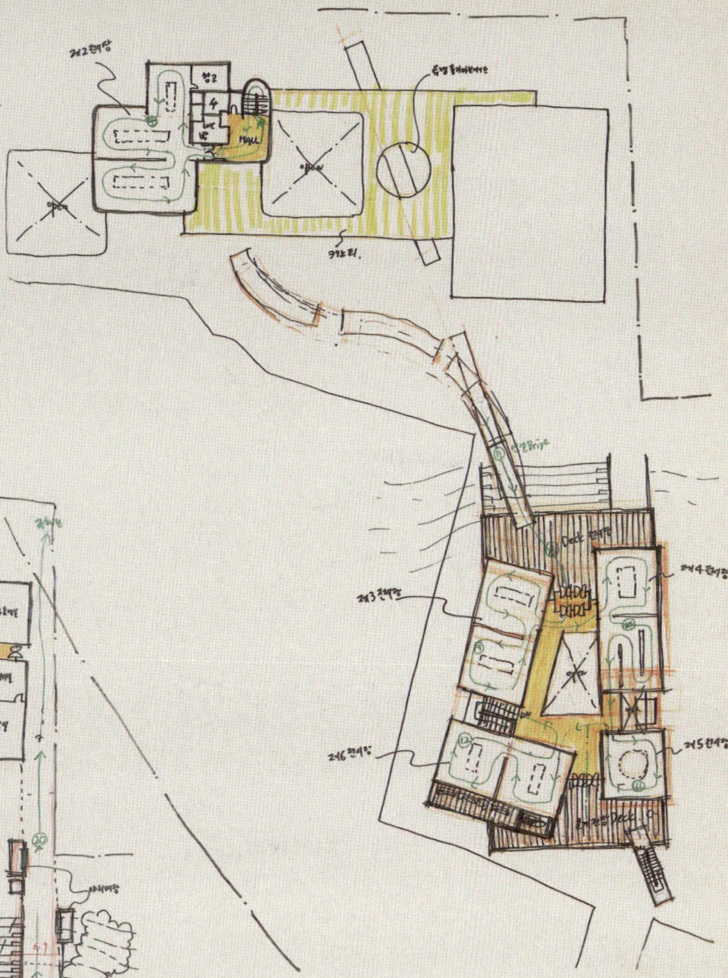

2층 평면

장용호 소장과 의견을 주고 받으며,
즐겁게 진행되었던 평면계획

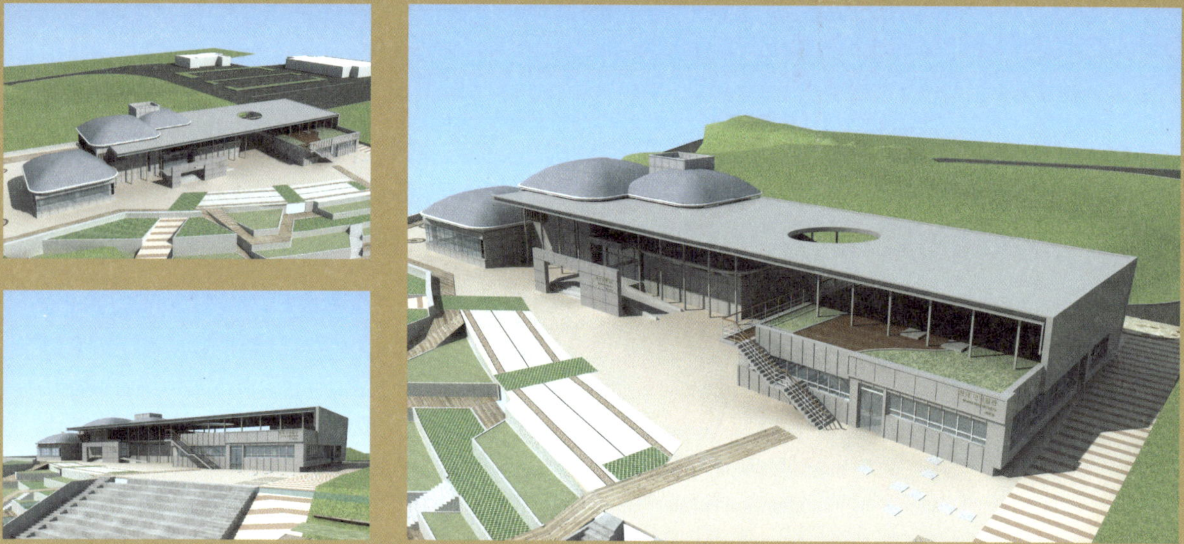

제1전시관

제2전시관

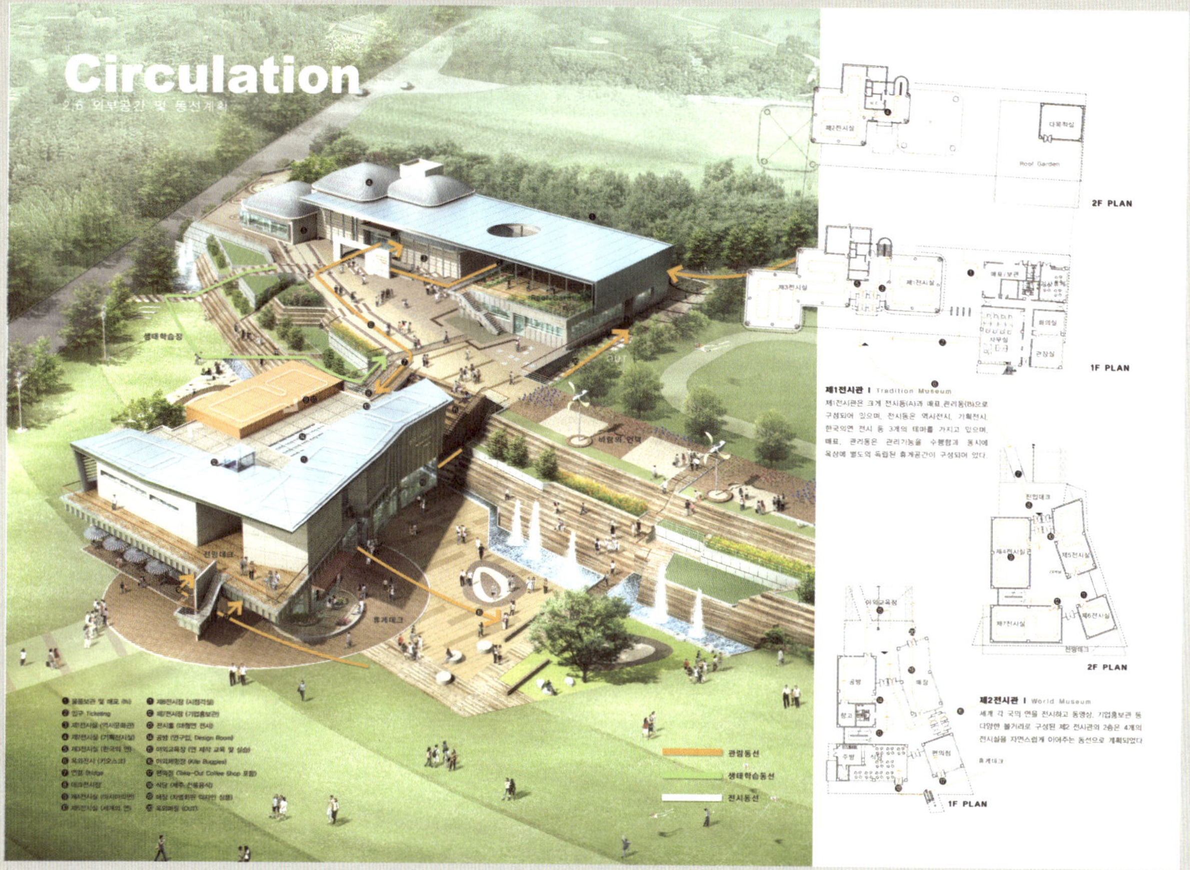

동선계획

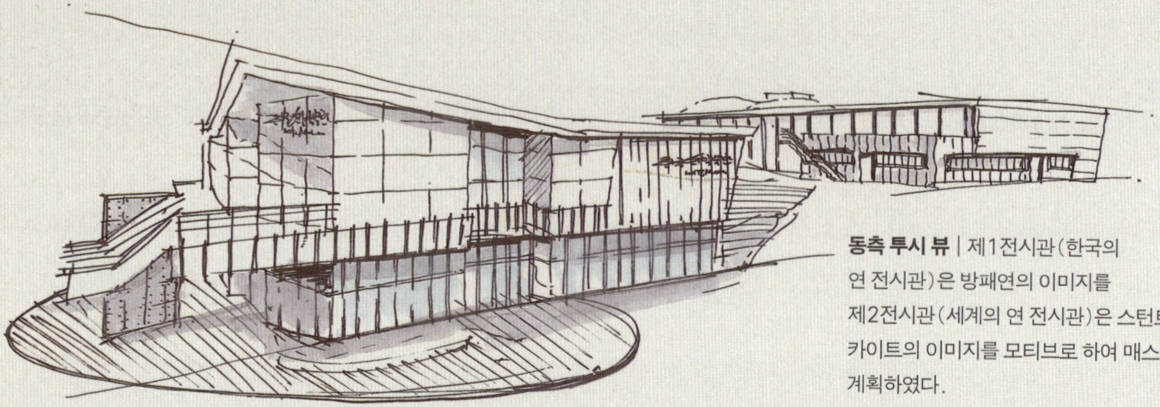

동측 투시 뷰 | 제1전시관(한국의 연 전시관)은 방패연의 이미지를 제2전시관(세계의 연 전시관)은 스턴트 카이트의 이미지를 모티브로 하여 매스를 계획하였다.

제1전시관(상)과 제2전시관(하)

팀 동료인 조지형 차장이 담당한 인테리어 계획

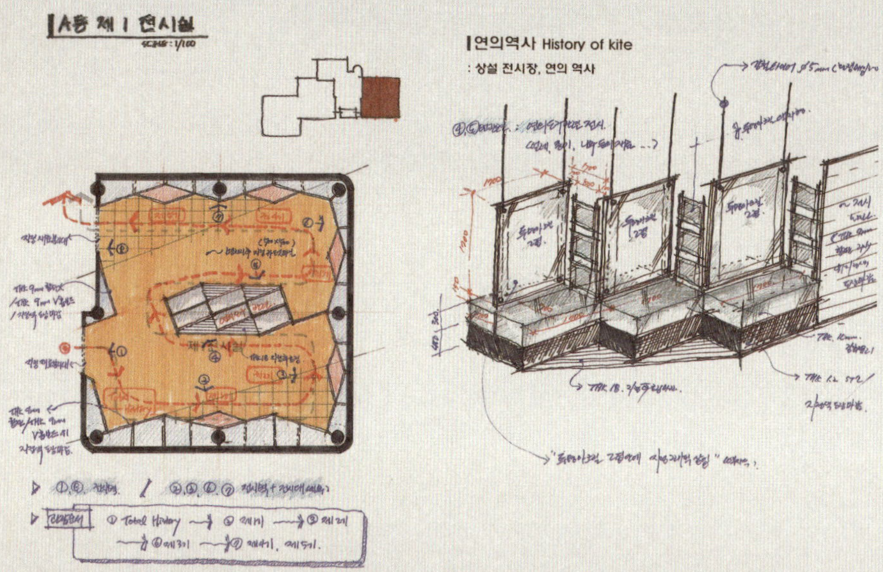

제1전시실(역사관)

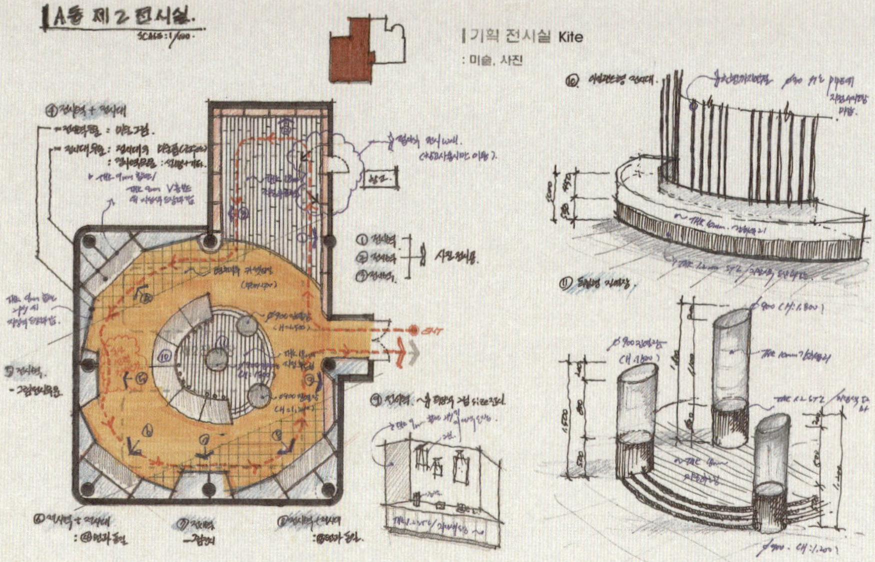

제2전시실(기획전시관)

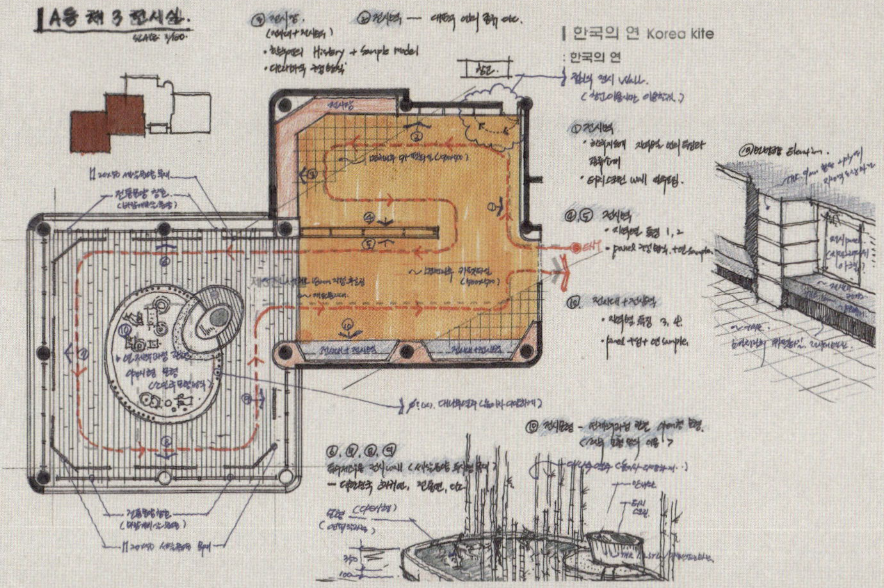

제3전시실(한국의 연 전시관)

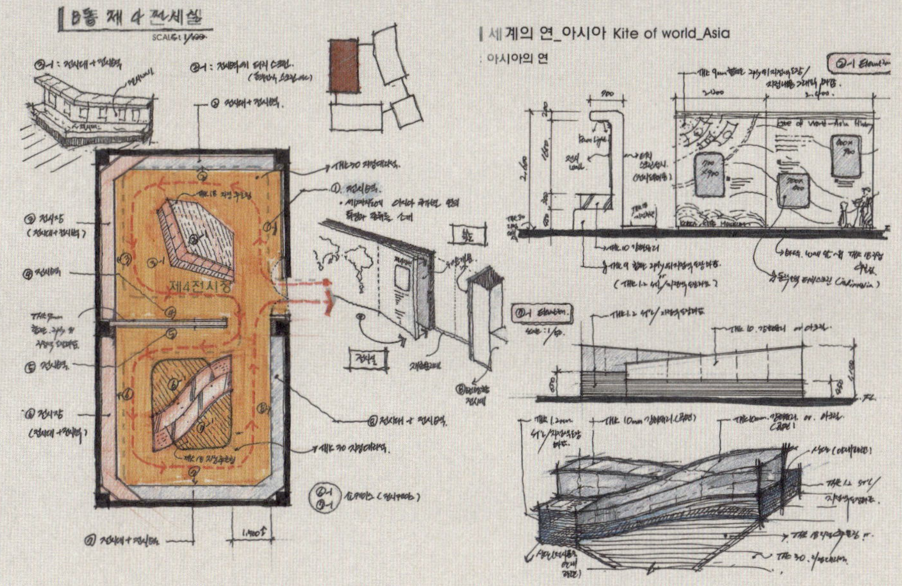

제4전시실(세계의 연 전시관)

천안시 운전지구 토지이용계획

client | ㅇㅇ건설

설계년도 | 2008.10

사장님을 통해 충청남도 천안시 목천읍 일대의 토지이용계획에 대한 의뢰를 받았다. 아파트 설계의 경우 건축설계사무소에서 자주 접할 수 있지만, 단지의 토지이용계획을 결정하는 것은 도시 분야에서 하는 일로 생각하기 쉽다. 하지만 도시의 공간성격을 결정하는 것도 건축가의 몫이기에 또 다른 매력이 있는 작업으로 진행된다.
기존의 계획안은 동측의 공동주택용지와 서측의 공동주택용지의 규모차가 커 단지 내 주거시설의 균형을 맞추고자 작업을 시작하게 되었다. 먼저, 단지 전체의 컨셉을 설정하기 위해 입지현황분석을 시작했다.

원안

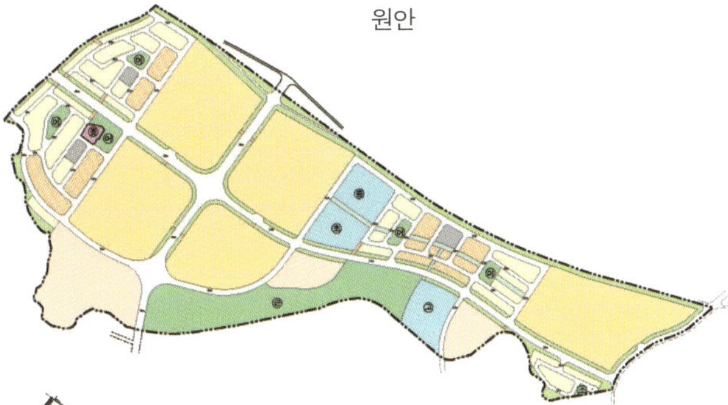

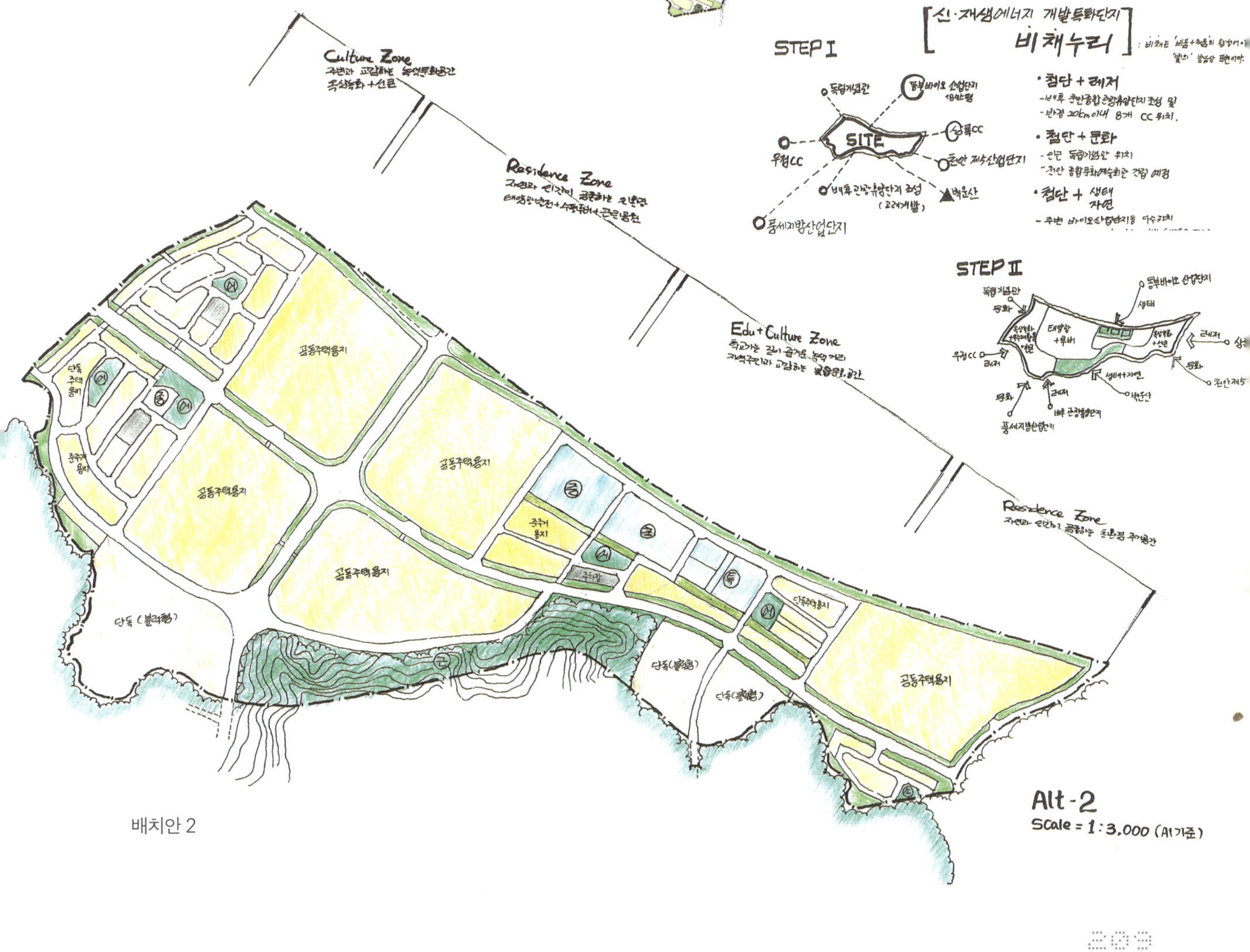

Culture Zone
Residence Zone
Edu+Culture Zone
Residence Zone
신·재생에너지 개발특화단지
비채누리
STEP I
SITE
STEP II
공동주택용지
Alt-2
Scale = 1:3,000 (A1기준)

배치안 2

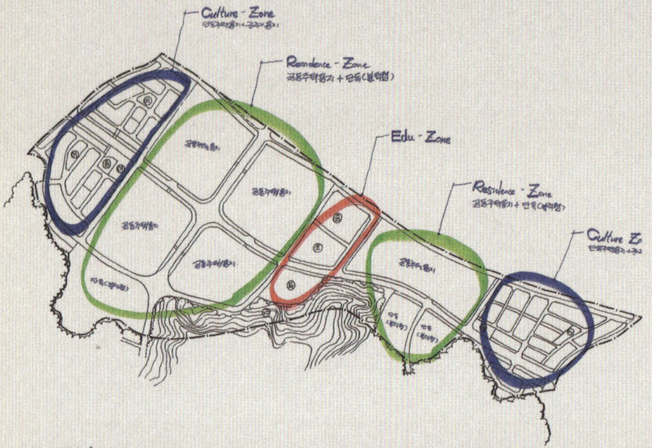

조닝

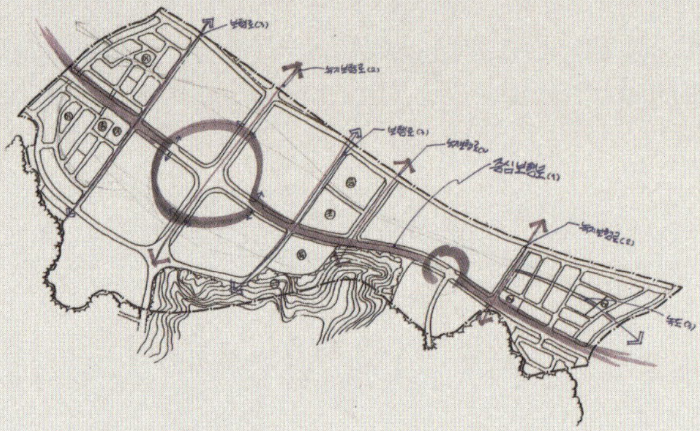

보행동선계획

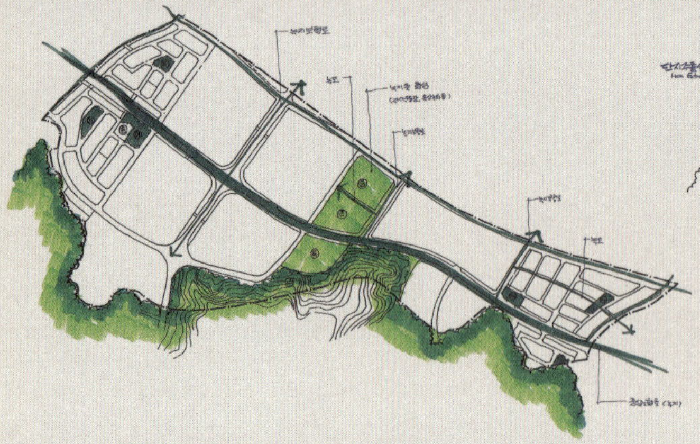

녹지축

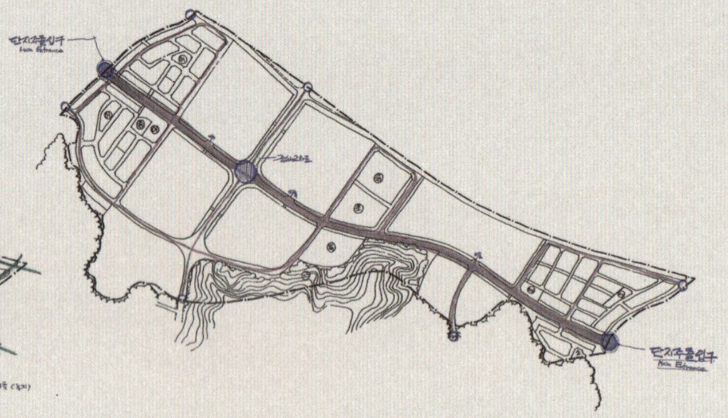

차량동선계획

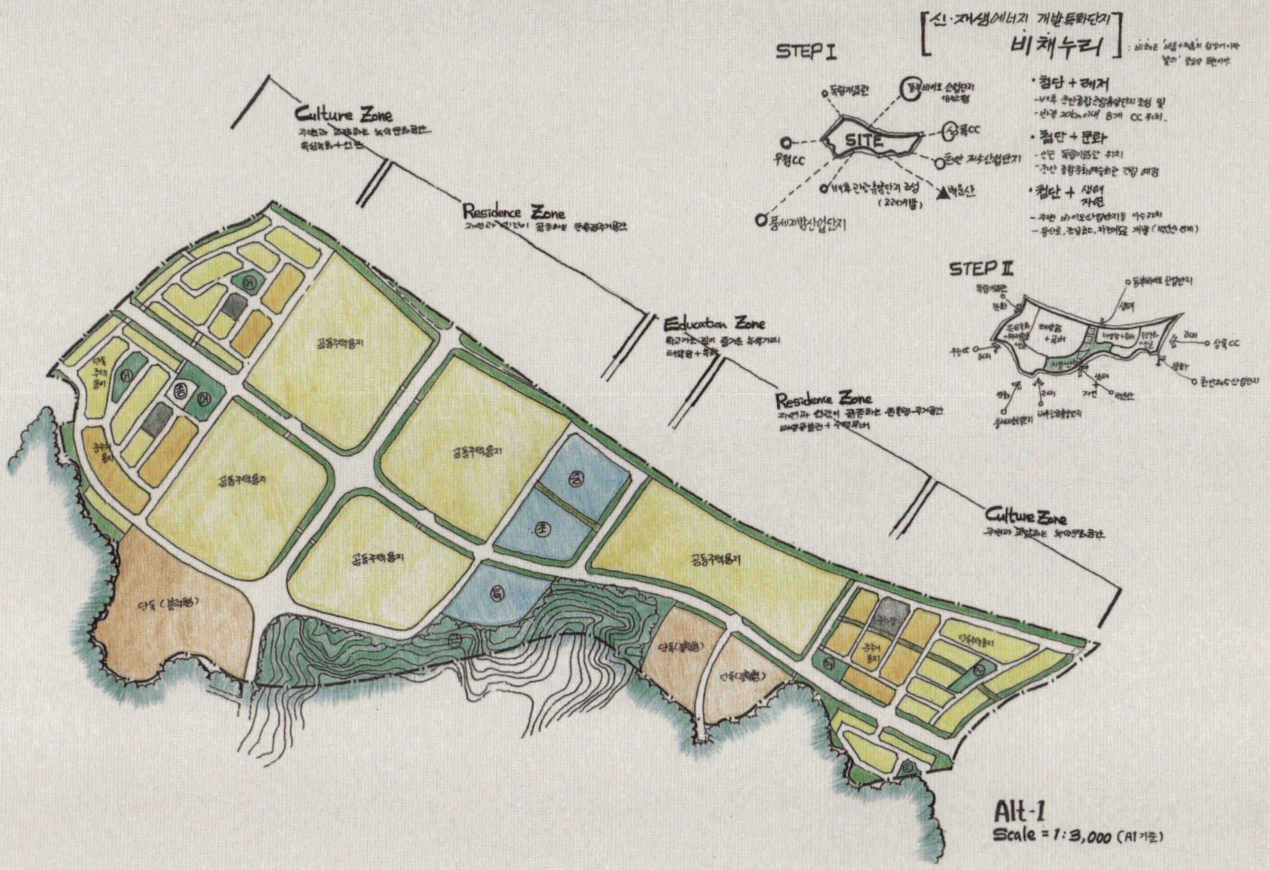

Culture Zone
Residence Zone
Education Zone
Residence Zone
Culture Zone
공동주택용지
단독(블럭형)
[신·재생에너지 개발특화단지]
비채누리
STEP I
SITE
독립기념관
동부바이오 산업단지
우정CC
천안 제5산업단지
백운산
풍세지방산업단지
• 첨단 + 레저
• 첨단 + 문화
• 첨단 + 생태 자연
STEP II
동부바이오 산업단지
독립기념관
Alt-1
Scale = 1:3,000 (A1 기준)

배치안 1

입지여건분석

- 도시구조 분석: 대상지는 서울에서 97km, 대전에서 61km, 행정중심복합도시에서 26km 떨어져 있고, 반경 20km 이내에 8개의 컨츄리클럽이 위치하였고, 첨단주거단지 및 레저네트워크를 형성하고 있다.
- 문화환경 분석: 서측에 천안시청 봉서홀, 천안삼거리 공원, 동측의 유관순열사 유적지가 위치하여, 대지북측의 독립기념관, 천안종합문화회관과 함께 첨단 + 문화네트워크를 형성하고 있다.
- 자연환경 분석: 주변의 충분한 녹지 공간 확보로 자연환경을 활용한 단지설계가 필요하며, 주변 녹지 및 인근 바이오산업단지와 연계하여 첨단+자연네트워크를 형성하고 있다.

입지여건 분석 내용을 토대로 첨단이라는 키워드로 레저, 문화, 생태자연을 담는 신재생에너지 개발특화단지라는 컨셉을 정하였다.

대안분석

기존안

컨셉	동서를 가로지르는 보행녹지축을 설정
조닝	문화·주거·교육 + 문화·주거 영역의 복합형태
녹지체계	남측 급경사로에 근린공원을 중심으로 블록별 소규모 녹지형성 주거단지와 주거단지가 동서를 가로지르는 녹지보행로를 통하여 연계
차량동선	동서를 가로지르는 중심차량로와 주거단지를 가로지르는 도로를 통해 단지 내 진입

대안1

컨셉	신재생에너지 개발특화단지 비채누리 비채는 '빛의' 발음상 표현이자 '비움과 채움'의 합성어이다. • 빛은 자연적 요소인 것과 동시에 첨단의 기술을 뜻한다. 이는 주변의 레저, 문화, 자연적 요소를 단지 내로 유입하여 친재생에너지 첨단단지를 조성하겠다는 컨셉으로 이어진다.

- 친환경으로 채우고, 자연으로 비우다.

  토지이용계획 단계의 컨셉은 신재생에너지 개발특화단지 내에 자연적 요소의 유입이다. 이는 블록별로 지열, 태양광 에너지 도입 등 신재생에너지 사용과 관련된 내용을 담아 특화단지로 개발코자 함이다.

키워드 　첨단+레저, 첨단+문화, 첨단+자연생태(이하 동일)

조닝컨셉 　문화·주거·교육·주거·문화 영역의 5개 조닝으로 구분되며, 영역별 공간구성상 교육이 중심에 위치하여 이용 편의성이 증대될 것이다.

녹지체계 　남측 급경사로에 근린공원을 중심으로 대단위 녹지 공간 조성과 블록별 소규모 녹지형성으로 친환경 단지를 계획하고 주거단지와 주거단지가 동서를 가로지르는 녹지보행로를 통해 연계

차량동선 　동서를 가로지르는 중심차량로와 주거단지를 가로지르는 도로를 통해 단지 내 진입

개선점 　교육과 주거의 조닝을 하나로 묶어 기존의 불균형으로 분리된 주거 블록의 소외감을 해소 단지 중심에 교육시설이 위치하여 자연경사로의 흐름을 연결

대안2

개선점 　교육과 문화영역을 중앙에 하나로 묶어 이용의 편리함을 유도했지만 주거 1개 블록이 별도로 분리되어 조닝상 불리.

대안3

조닝컨셉 　기존의 경사에 순응하여 주변과 어울리는 조닝 계획

스카이라인 　단지중앙에 공동주택용지가 밀집되어 있으며, 단지 사이에 녹지축 인입으로 자연을 향해 열린 조망 확보

녹지체계 　기존 급경사지에 근린공원을 배치하고 단지 사이로 녹지(green finger)를 유입시켜 친환경 주거단지 조성

차량동선 　동서 방향으로 단지의 주진입이 이루어지며, 단지 내 원활한 교통순환을 위해 곡선의 내부 순환도로 계획

파주운정지구

"최첨단 유비쿼터스(Ubiquitous) 도시"

시 · 공간에 구애받지 않고 언제든지 네트워크 시스템에 접속할수 있는 첨단 정보화 도시

위치 : 경기도 파주시 교하읍 일원
면적 : 9,549,016.0㎡ (2,888,577평)
주변현황 : 북으로 개성공단 남북경협이 활기를 띠면서 관심 남으로 일산신도시,교하 택지개발지구와 파주LCD 지방산업단지등 7개의 산업단지가 입지

토지이용계획 - 주택건설용지 : 33.6%
상 업 용 지 : 3.3%
도시지원시설 : 2.0%
공공시설용지 : 61.1%

인천서창2지구

오산세교지구

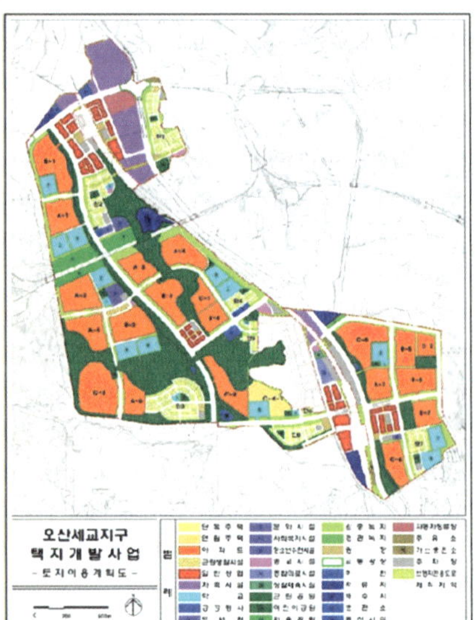

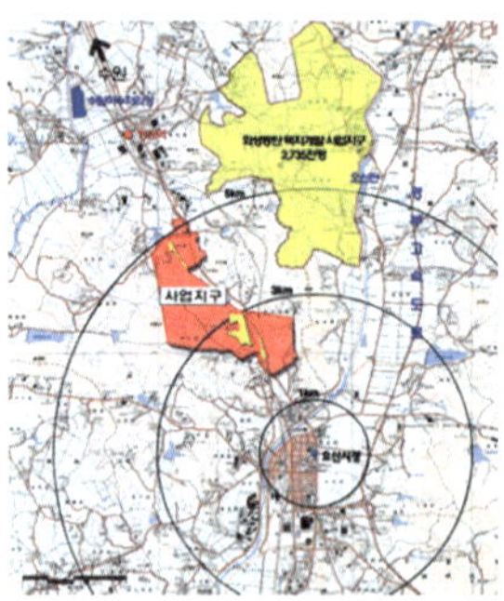

"사람과 자연, 문화가 어우러지는 전원형 최첨단 신도시"

거주민 모두에게 쾌적한 삶과 새로운 비즈니스 기회가 제공되며, 최적의 도시 운영이 가능한 도시로 구현

위치 : 경기도 오산시 수청동, 내삼미동 일원
면적 : 3,234,050.0㎡ (978,300평)
주변현황 : 수도권의 인구증가에 따른 주택공급부족 양호한 수림대의 자연경관요소를 갖추어 산세 및 수계를 연결한 공원네트워크 형성

토지이용계획 - 주택건설용지 : 30.6%
상 업 용 지 : 3.4%
산 업 용 지 : 5.0%
공공시설용지 : 61.0%

시흥목감지구

"해양/생태/문화/도시창출"

자연생태 속에 다양한 문화가 어우러진 해양도시

위치 : 인천광역시 남동구 서창동 일원
면적 : 2,099,858.6㎡ (635,206평)
주변현황 : 경작지와 염전으로 활용되던 지역 인근 폐염전 및 갈대숲 등의 지역을 활용한 수도권 해양생태공원 위치함
토지이용계획 - 주택건설용지 : 39.3%
상 업 용 지 : 2.4%
공공시설용지 : 58.3%

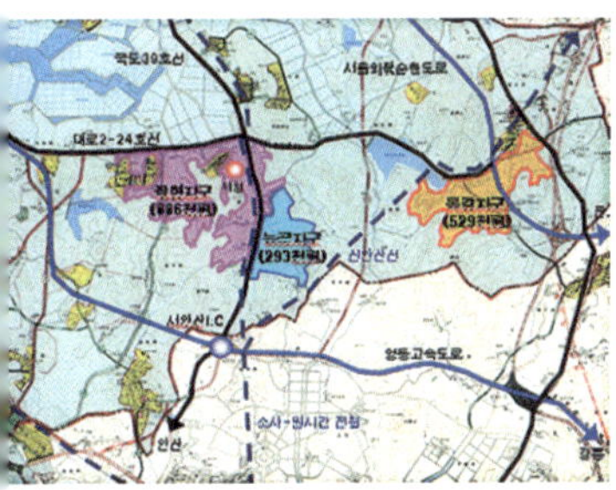

(Green)과 수(Blue)의 네트워크 도시"

숲과 하천을 이용한 친수공간 그리고 지역간,
화합과 교류를 잇는 네트워크 도시

: 경기도 시흥시 목감동,조남동 일원
: 1,747,688.0㎡ (528,675평)
황 : 수도권 서부권역의 무주택 서민을 위한 국민임대주택단지 조성 지구와 인접한 수변을 활용한 친수환경적 테마공원 조성
용계획 - 주택건설용지 : 38.1%
상 업 용 지 : 1.5%
공공시설용지 : 60.4%

사례조사

a. 파주운정지구 | '최첨단 유비쿼터스(ubiquitous) 도시'

시 · 공간에 구애받지 않고 언제든지 네트워크 시스템에 접속할 수 있는 첨단 정보화 도시

- 위치 : 경기도 파주시 교하읍 일원
- 면적 : 9,549,016m²(2,888,577평)
- 주변현황 : 북으로 개성공단 남북경협이 활기를 띠면서 관심, 남으로 일산신도시, 교하 택지개발지구와 파주LCD 지방산업단지 등 7개 산업단지가 입지
- 토지이용계획 · 주택건설용지 : 33.6%, · 상업용지 : 3.3%
  · 도시지원시설 : 2.0%, · 공공시설용지 : 61.1%

b. 인천서창 2지구 | '해양 / 생태 / 문화도시 창출'

자연생태 속에 다양한 문화가 어우러진 해양도시

- 위치 : 인천광역시 남동구 서창동 일원
- 면적 : 2,099,858.6m²(635,206평)
- 주변현황 : 경작지와 염전으로 활용되던 지역으로 인근 폐염전 및 갈대숲 등의 지역을 활용한 수도권 해양생태공원이 위치함
- 토지이용계획 · 주택건설용지 : 39.2%, · 상업용지 : 2.4%
  · 공공시설용지 : 58.3%

c. 오산세교지구 | '사람과 자연, 문화가 어우러지는 전원형 최첨단 신도시'

거주민 모두에게 쾌적한 삶과 새로운 비즈니스 기회가 제공되며, 최적의 도시 운영이 가능한 도시 구현

- 위치 : 경기도 오산시 수청동, 내삼미동 일원
- 면적 : 3,234,050.0m²(978,300평)
- 주변현황 : 수도권의 인구 증가에 따른 주택공급 부족. 양호한 수림댈의 자연경관요소를 갖추어 산세 및 수계를 연결한 공원네트워크 형성
- 토지이용계획 · 주택건설용지 : 30.6%, · 상업용지 : 3.4%
  · 산업용지 : 5.0%, · 공공시설용지 : 61.0%

d. 시흥목감지구 | '녹(green)과 수(blue)의 네크워크 도시'

푸른 숲과 하천을 이용한 친수 공간 그리고 지역 간, 세대 간 화합과 교류를 잇는 네트워크 도시

- 위치 : 경기도 시흥시 목감동, 조남동 일원
- 면적 : 1,747,688.0m²(528,675평)
- 주변현황 : 수도권 서부권역의 무주택 서민을 위한 국민임대주택단지 조성, 지구와 인접한 수변을 활용한 친수환경적 테마공원 조성
- 토지이용계획 · 주택건설용지 : 38.1%, · 상업용지 : 1.5%
  · 공공시설용지 : 60.4%

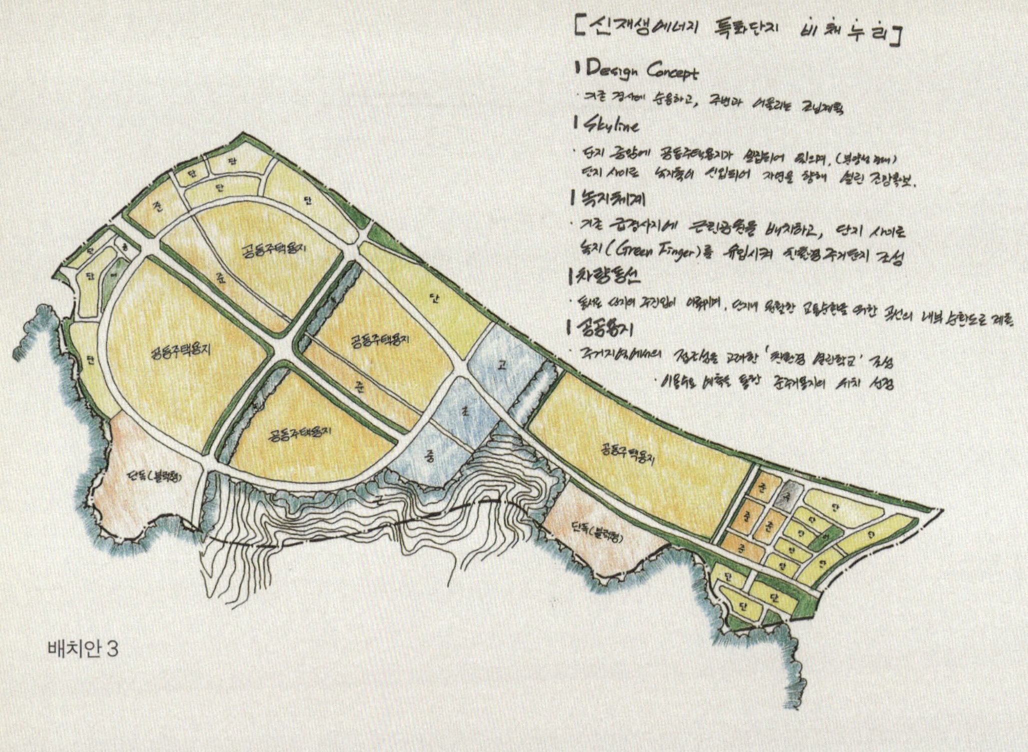
[신재생에너지 특화단지 비채누리]
Design Concept
·기존 경사에 순응하고, 주변과 어울리는 조닝계획
Skyline
·단지 중앙에 공동주택용지가 설립되어 있으며, (분양성 확보)
단지 사이로 녹지축이 산입되어 자연을 향해 열린 조망확보.
녹지체계
·기존 급경사지에 근린공원을 배치하고, 단지 사이로
녹지(Green Finger)를 유입시켜 친환경 주거단지 조성
차량동선
·동서로 대지의 주진입이 이루어지며, 단지내 원활한 교통순환을 위한 곡선의 내부 순환도로 계획
공공용지
·주거지역에서의 접근성을 고려한 '친환경 설립학교' 조성
·이용자의 배후를 통한 준주거용지의 위치 선정

배치안 3

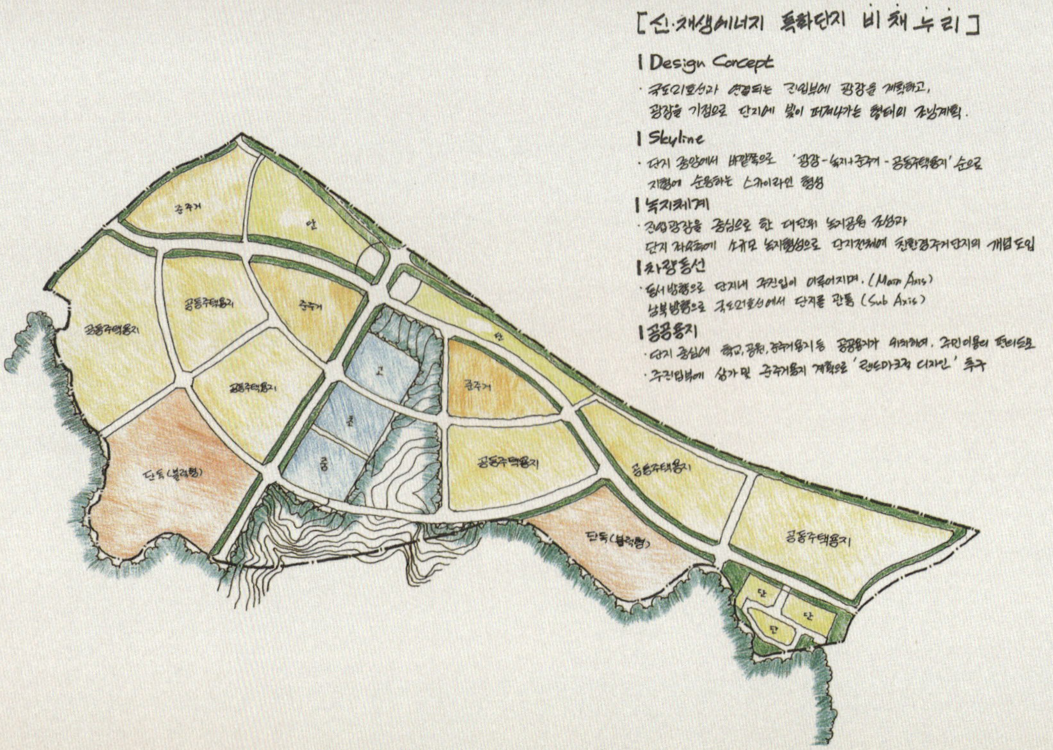
[신·재생에너지 특화단지 비채누리]
Design Concept
·국도21호선과 연결되는 진입부에 광장을 계획하고,
광장을 기점으로 단지에 빛이 퍼져나가는 형태의 조닝계획.
Skyline
·단지 중앙에서 바깥쪽으로 '광장-녹지+준주거-공동주택용지' 순으로
지형에 순응하는 스카이라인 형성
녹지체계
·진입광장을 중심으로 한 대단위 녹지공원 조성과
단지 좌우측에 소규모 녹지형성으로 단지전체에 친환경주거단지의 개념 도입
차량동선
·동서방향으로 단지내 주진입이 이루어지며. (Main Axis)
남북방향으로 국도21호선에서 단지를 관통 (Sub Axis)
공공용지
·단지 중심에 학교, 공원, 준주거용지 등 공공용지가 위치하여, 주민이용의 편의도모
·주진입부에 상가 및 준주거용지 계획으로 '랜드마크적 디자인' 추구

배치안 4

대안4

조닝컨셉 국도 21호선과 연결되는 진입부에 광장을 계획하고, 광장을 기점으로 단지 전체에 빛이 퍼지는 형태의 조닝계획

스카이라인 단지 중앙에서 바깥쪽으로 광장 · 녹지+준주거 · 공동주택용지의 순으로 지형에 순응하는 스카이라인 형성

녹지체계 진입광장을 중심으로 한 대단위 녹지공원 조성과 단지 좌우측에 소규모 녹지 형성으로 단지 전체에 친환경 주거개념 도입

차량동선 동서 방향으로 단지의 주진입이 이루어지며main axis, 남북 방향으로 국도 21호선에서 단지를 관통sub axis

공공용지 단지 중심에 학교, 공원, 준주거지역등 공공용지가 위치하여 주민편의를 도모하고 주진입부에 상가 및 준주거시설 배치로 랜드마크적 디자인 추구

개선점 단지 남측의 급경사지를 최대한 존치함으로써 환경훼손을 최소화하였고, 경사지를 개발하는 곳에는 단독 블록형 조닝 계획으로 자연에 순응하는 건축설계가 이루어질 수 있는 바탕을 마련하였다.

시행사 대표와 함께 대지분석 및 두 가지 계획안에 대한 내용으로 협의를 시작하였다. 기존안을 최대한 수용하면서 부분적으로 개선을 시도한 두 가지 대안을 검토한 시행사 측에서는 기존안의 틀을 깨는 새로운 대안과 함께 컨셉이 세부적인 부분까지 반영되기를 원했다. 당시 시행사 측과 천안시 사이에 협의가 이루어진 사항은 기반시설용지를 42% 내지 48% 범위 내에서 확보하는 것과 주거시설 용적률을 250% 이하로 계획하는 내용이었다. 보다 구체적인 계획에 들어가기 위해 D컨설턴트 도시계획팀과의 만남이 있었고, 먼저 현 부지에 대해 도시계획팀의 의견을 듣게 되었다.
현 부지는 천안시 상위계획에서 목천생활권으로 정해져 있으며, 목천생활권의 인구증가계획은 4,000세대 정도였다. 이중 60% 정도인 2,400세대 정도가 대상부지에 계획되는 것이 적합한데, 결론적으로는 현재의 주거시설용지 규모가 크다는 의견이었다. 또한 국도 21호선에 접해 있는 통로가 제한되는, 독립된 단지의 성격을 가지고 있으므로 준주거지역의 범위가 더 이상 커질 수는

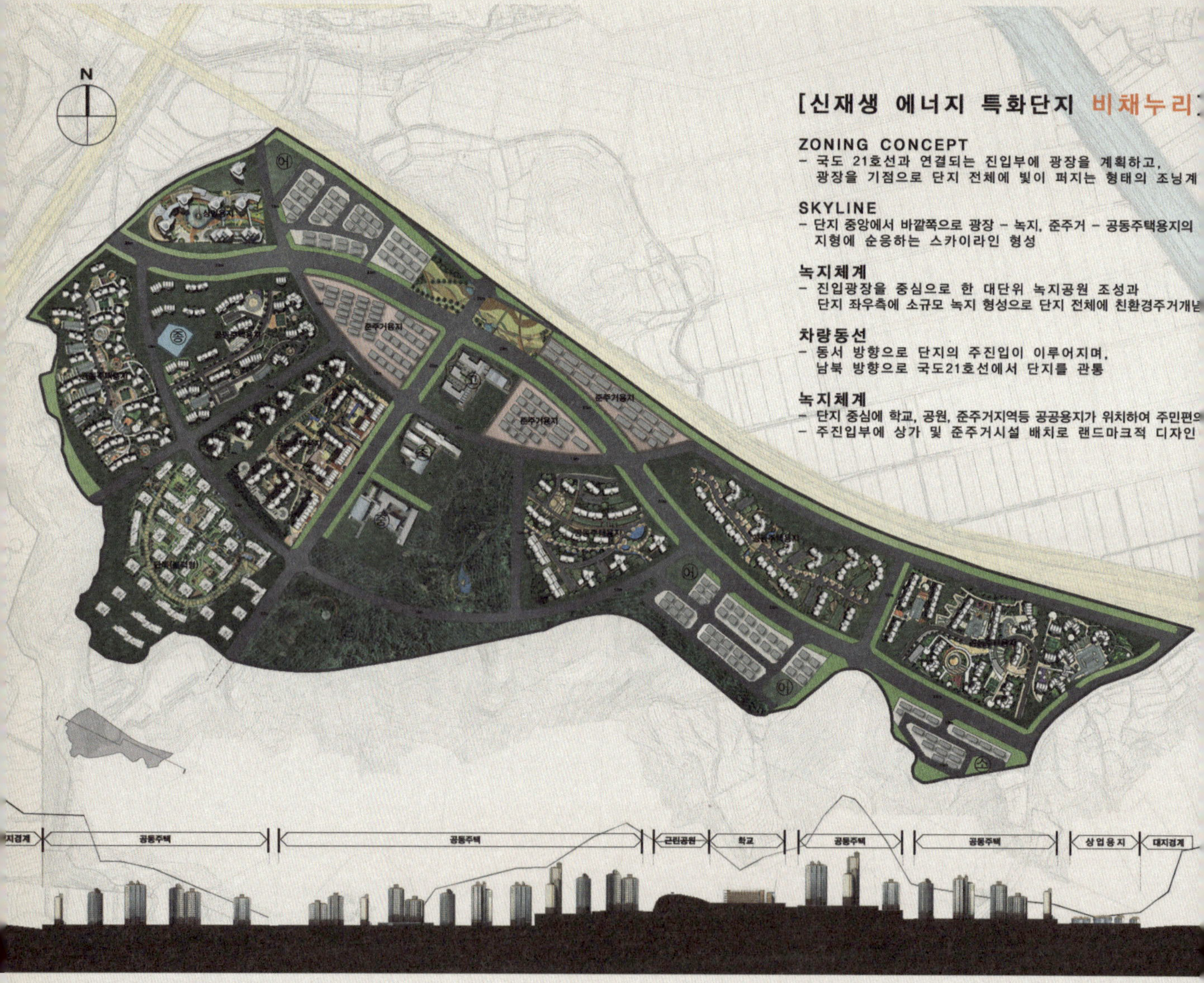

팀동료 이하섭 대리가 작성한 단지개념도

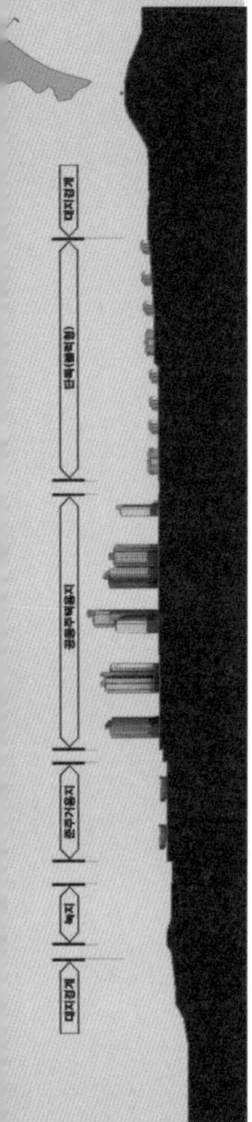

없을 것이며, 수요도 아산과 인접한 부분이 더 많을 것이라는 내용이었다. 본 프로젝트와 같은 도시개발계획에서는 구역 지정이 이루어진 후에 시행자가 선정된다. 이때 환지가 있을 경우 조합이 시행자의 역할을 하고, 시행회사는 사업업무를 대행하는 역할로 사업에 참여하게 되는 것이다. 또한 도시개발사업은 상위계획(생활권역별 인구분배계획)이 있고, 밀도당 수용인원이 계획된다. 이 때문에 생활권역별 변화가능인구에 근거하여 사업의 개발규모를 결정하게 된다.

현재 주변상황으로 검토했을 때, 국도와 인접하여 동측에서 진입하고 서측으로 이동하면서 단지 내 도로가 아래쪽으로 내려오는 형태가 적합할 것으로 판단되었다. 회의 후에는 새로운 대안을 선정하기 전 유사 사례들이 어떠한 컨셉과 어느 정도의 구성비로 계획이 되었는지 검토하기 위한 사례조사가 시작되었다.

여러 사례들을 검토하다 보니 최근의 동향과 맞게 친환경, 첨단, 문화가 함께 어우리진 단지 컨셉이 주를 이루었다. 현상을 보지 말고 흐름을 보라는 말이 있다. 최근 대두되고 있는 녹색성장이나 친환경이 중요시되면서 앞으로 신재생 에너지의 이용이 점차 늘어날 것을 예측하고 나니 신재생에너지 특화단지가 주목받을 것이라는 확신이 생겼다. 조사한 내용들을 검토한 후에는 전혀 새로운 안을 구상해야 했다.

도시계획팀과 협의된 내용을 반영한 대안을 정리하여 시행사와 다시 한 번 미팅을 가졌다. 시행사 측에서는 도로선형, 단지 내 레벨문제 해결, 준주거 및 상업지역의 경쟁력 확보, 공동주택용지의 분양성 문제 등 주요사항들이 대부분 해결된 안이라는 평과 함께 기존안에 비해 우수하다며 만족해했다. 최종안은 공간구성비로 보았을 때 단독주택용지의 비율이 줄고, 준주거용지의 비율이 늘었으며, 상업용지가 새로 제안되었다. 이와 같이 새로 접하게 되는 프로젝트는 항상 신선한 아이디어를 필요로 한다.

한강르네상스 반포권역 특화사업 및 분수설치공사 현상설계

발주처 | 서울시 건설안전본부
client | 대우엔지니어링
설계년도 | 2007.09~10

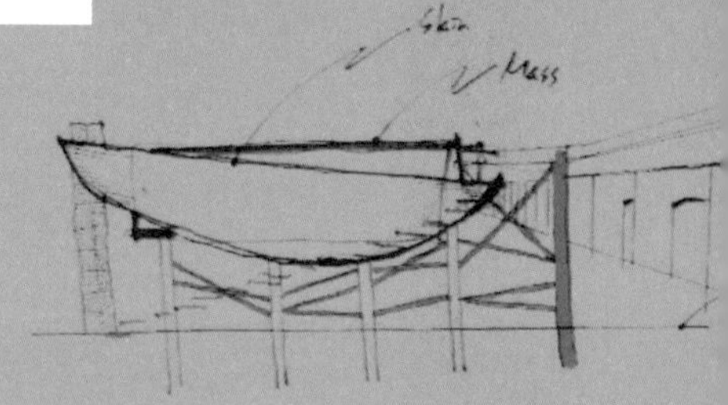

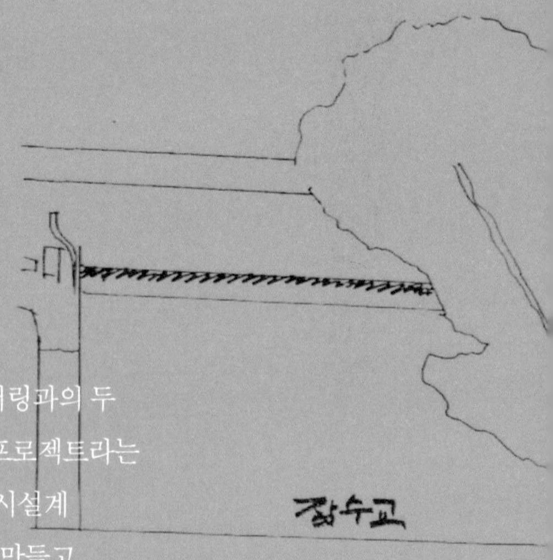

반포권역 특화사업은 3년 전 지하주차장 턴키를 함께 진행했던 대우엔지니어링과의 두 번째 프로젝트 이다. 직관과 추진력이 뛰어난 양태영 팀장과 함께 진행하는 프로젝트라는 점에서 당선에 대한 확신을 가지고 계획에 임하게 되었고, 필자는 당선 후 실시설계 초기까지 참여하였다. 교량에 분수를 설치한다는 신선한 아이디어를 현실로 만들고, 이용자가 만족할 수 있는 공간을 조성하였다는 점에서 기억에 남는 프로젝트 중 하나라 할 수 있는데, 이후 언급되는 내용들은 계획설계 당시의 상황이며 현재 완공된 내용과는 상이할 수도 있음을 먼저 밝혀 둔다.

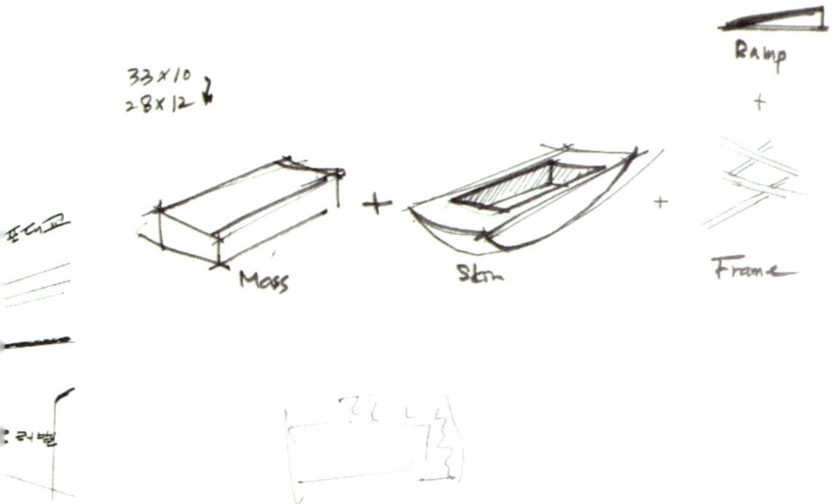

반포대교 야경

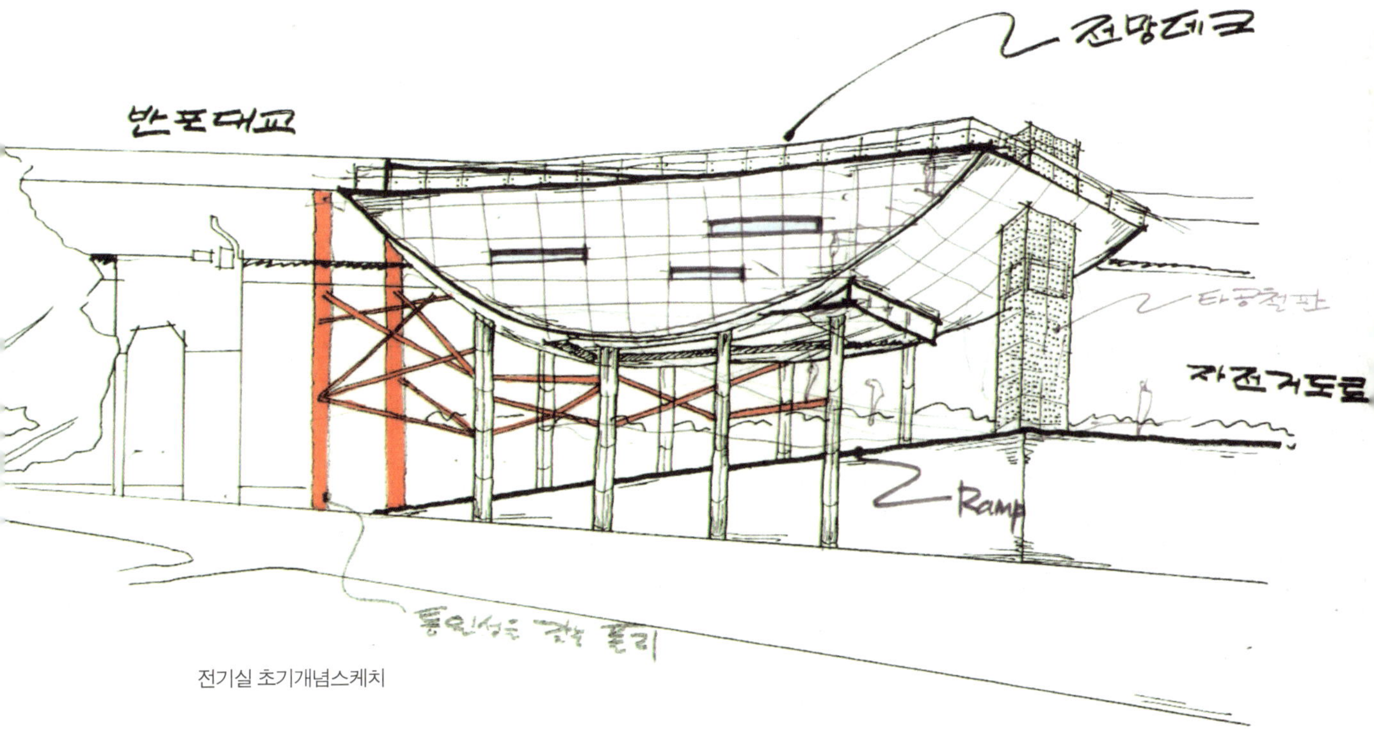

전기실 초기개념스케치

반포권역 특화사업은 '한강 르네상스' 프로젝트와 관련하여 한강을 가로지르는 25개의 서울 교량 중 가장 먼저 보행전용화를 시도한 사업으로 내용은 다음과 같다.

1. 반포대교 분수
- 1,500m 내외의 분수설치
- 분수조명 및 제어시설, 전기실 등 계획

2. 잠수교 다목적 광장조성
- 남단 둔치 내 200m x 200m 내외 규모의 광장 조성
- 북단 둔치 내 200m x 60m 내외 규모의 광장 조성

3. 잠수교 보행환경 개선
- 반포대교 하부 교각단장(48기) 및 천장과 잠수교 바닥 디자인 계획
- 잠수교 남 · 북단 보행진입로 및 underpass 구간 단장
- 접속데크 16개소
- 접이식 안전난간 설치
- 잠수교 천장(반포대교 하부) 및 반포대교 교각 내부 경관조명

4. 한강둔치 공원 특화
- 문화예술 공간 기반시설 조성
- 체육 · 여가 활동 공간 조성, 한강 Forest 계획
- 하천 호안 개선
- 도로연결 데크 (80×20m)
- 한강둔치 접근 및 공원 내 동선 개선

7개의 전망데크에 대한 아이디어 구상안

반포이야기
01_RIVERSIDE GALLERY
디자인 모티브
디자인 프로세스
전망카페
T·H·O·U·S·A·N·D PANORAMA 盤浦萬景
반포만경
천천히 한강을 걷는다. 파노라마처럼 펼쳐지는 한강의 전경은 자연과 사람을 향해 꿈꾸며, 달과 바람, 별과 나무, 태양과 모래, 한강과 안개의 이야기를 펼쳐놓는다.
02_BRIDGE GALLERY
잠수교
River Stream
WINTER 겨울
AUTUMN 가을
SUMMER 여름
SPRING 봄
남북단 보행진입부
경관조명
분수연출
부분투시도

현상설계 시 제안한 판넬

반포대교 분수의 경우 서울시의 랜드마크가 될 수 있도록 분수의 형태 및 연출운영방식에 창의적인 아이디어를 반영하였다. 또한 건축 분야에서는 한강 홍수 시 안정성을 확보하고 분수를 조망할 수 있는 장소로서 최적의 위치를 선정하여 전기실을 계획하였다.

분수운영계획

- 수도 서울의 대표적 관광시설로 거듭나기 위한 상징성 확보
- 반포대교 주변경관 분석을 통해 가장 극적인 효과를 보여줄 수 있는 분수형태와 분수효과 연출
- 홍수 및 바람의 영향에 따라 대응이 가능한 분수시스템 구축
- 동절기 장비의 동파 방지를 위한 시스템 구축

분수 총 연장길이는 1,500m(750m×2)이고 분사거리는 28~43m, 노즐 간 거리는 3m, 펌프실 수량은 50개소로 약 30m당 1개소씩 위치한다. 또한 바람에 의한 물의 비산을 억제하기 위해 바람의 강약에 따라 분사거리를 자동제어하고 윈드센서를 설치하여 풍속 4m/s 이상 시 자동으로 가동이 정지될 수 있도록 계획되었다.

조경계획

- 한강변을 따라 다양한 수변프로그램 제공
- 지형변화를 통한 다양한 프로그램 계획 및 다채로운 경관형성
- 한강의 물길과 평행하게 배치되어 다양한 프로그램을 담는 폴리 계획

남단광장은 플로팅 아일랜드, 잠수 보행교, 기존 자전거도로와 연계되는 한강반포시민공원의 중심지로서 다양한 이벤트를 위한 복합문화공간으로 계획되었고, 북단광장은 대상지 북측의 이태원과 연계하여 다국적 사람들이 모일 수 있는 프로그램이 제안되었다. 서래섬은 한강의 자연을 보고, 느끼고, 체험할 수 있도록 관찰데크가 계획되어 있다. 또한 다음과 같은 경관 체험도 가능하다.

1. 남단 보행진입로 통행
2. 한강 최초의 보행전용교가 될 예정인 잠수교를 거닐며 새롭게 단장된 교각과 천장의 전시물 감상
3. 서래섬 내 유채꽃과 능수버들 아래로 생태호안 관찰
4. 수변산책로 걷기
5. 유람선을 타고 낙타봉 구간을 지나가면서 잠수교 상단의 빛나는 은하수 조명 바라보기

건축계획

남단 공원 내에 한강의 풍경을 감상할 수 있는 7개의 전망데크를 계획

1. Eco-Deck: 스크린을 통한 바다 속 '생태관찰' 에코데크
2. Botanic Column: 생태체험을 할 수 있는 에듀데크
3. Urban frame: '한강'을 향해 열린 조망이 가능한 전망데크
4. Banpo Gate: 효율적 에너지 관리를 하는 전기실과 공공화장실, 편의점으로 구성된 상징데크
5. Playing Tower: 다양한 행위들이 일어나는 놀이공간
6. Culture Stage: 다양한 문화교류의 장
7. Beachview Cafe: 한강변 젊음의 열기를 느낄 수 있는 전망카페

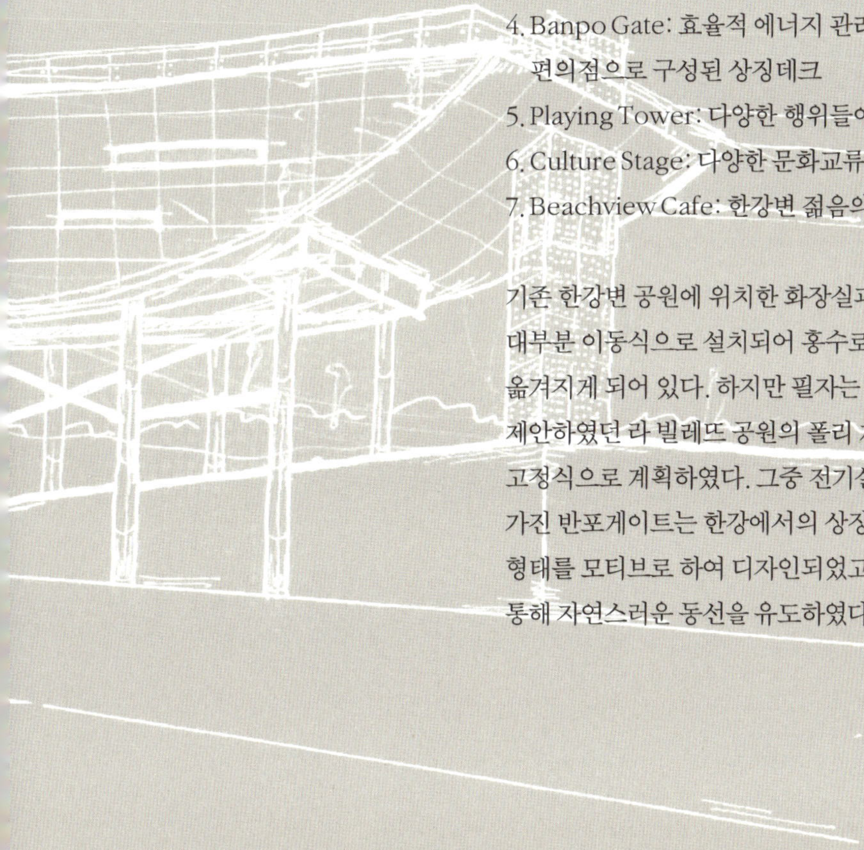

기존 한강변 공원에 위치한 화장실과 매점은 홍수에 대한 문제 때문에 대부분 이동식으로 설치되어 홍수로 인해 물이 넘쳐나면 도로 위로 옮겨지게 되어 있다. 하지만 필자는 현상설계 당시 유진형 교수가 제안하였던 라 빌레뜨 공원의 폴리 개념을 발전시켜 7개의 전망데크를 고정식으로 계획하였다. 그중 전기실과 화장실, 편의점, 전망데크의 기능을 가진 반포게이트는 한강에서의 상징적 이미지를 부여하기 위해 물방울의 형태를 모티브로 하여 디자인되었고, 반포대교와 상부 휴게데크의 연결을 통해 자연스러운 동선을 유도하였다.

Y-PROJECT

발주처 | ㅇㅇ도시개발공사
client | ㅇㅇ건설
설계년도 | 2009. 08

서울 및 수도권으로 인구가 집중되면서 지방 소도시의 인구가 점차 줄고 있다. 지역 인구 감소를 위기로 인식한 여수시는 관광과 문화, 전시 컨텐츠의 중요성을 예견하고 발 빠르게 세계박람회 개최를 준비했다. 2010년 세계박람회 유치를 중국 상하이에 넘겨준 여수시는 안타까운 마음으로 만반의 준비를 하여 2012년 세계박람회 유치에 성공하게 되었다.
여수를 방문하는 관광객들은 천혜의 자연경관을 자랑하는 오동도와 향일암, 야경이 아름다운 돌산대교, 이순신 장군이 수군통도사로 있을 때 머물렀던 진남관 등을 둘러보면서 여수에 대한 모든 것을 느끼고 돌아가게 될 것이다. 2012 세계박람회 선정 이후 박람회장을 비롯하여 여러 개의 골프장, 레저단지 등 지원시설에 대한 현상설계가 진행되고 일부 착공을 시작하였다. 본 프로젝트는 박람회 지원시설 지정을 추진 중인 여수시가 여수시 돌산읍 우두리 일대를 개발할 계획으로 도시개발공사와 ㅇㅇ건설이 MOU를 체결하고 진행하고 있는 사업이다.

항공사진

호텔과 멀티플렉스, 아울렛 등 다양한 복합시설로 구성된 배치개념

바다와 인접하여 해안선을 따라 길게 뻗은 선형linear type의 대지에 호텔, 판매시설, 테마파크, 씨푸드센터 등이 들어서고, 케이블카 스테이션 및 여객터미널과도 연계되어 운영될 예정이다. 시행사 측에서 요구하는 해당 프로그램별 스페이스 프로그램이 결정되어 있는 상황이었으나, 해안선과 인접하여 돌산을 배경으로 위치한 대지는 건축이기보다는 조경이길 원하고 있었다. 이와 같은 상황에서 설계사무소의 직원이자 프로젝트 담당자로서 취할 수 있는 행동은 현 상황을 리얼리티로 받아들이고 건축적 해결책을 찾아내는 것이다.

대지는 진입도로보다 5~10m 가량 낮아 옹벽을 이용하여 레벨차가 극복되었고, 바다와 인접한 대지의 상황 때문에 지하층 개발은 지양해야 했다. 프로그램상 지상 2개층 규모의 주차장 위에 테마파크가 위치하고, 그 위로 회센터, 판매시설, 호텔 3개의 매스가 도로 위로 솟아오르게 되는 상황이었다. 기존 두 회사의 계획안에도 대지의 상황이 일반적으로 해석되어 있었지만, 대지의 상황에 맞는 새로운 아이디어가 필요했다. 브레인스토밍 과정에서 정낙중 사장은 요코하마 터미널과 같이 옥상을 이용할 수 있는 아이디어를 제안하였고, 그 아이디어를 발전시켜 지상 버스주차장과 여객터미널에서 도로레벨까지 램프를 통해 이동하고 판매시설의 지반층을 오픈시킨 계획으로 초기안을 정리하였다.

현 스페이스 프로그램으로는 도로변에서 바다를 향한 시야가 확보되지 못하고, 바다 건너편에서도 건물이 돌산을 가리는 형국이었기 때문에 해당 프로그램들을 수용하면서 양쪽의 시야를 어떻게 확보해 줄 것인가 하는 것이 관건이었고, 그에 따라 지상부를 필로티로 오픈하고 씨푸드센터를 도로 레벨 아래에 배치하여 상부를 녹지로 조성하는 계획안을 제시하였다.

다소 아쉬운 것은 필자의 개념이 현실화되지 못하고, 타 설계사무소에서 사업을 진행하고 있다는 점이다. 하지만 계획 초기의 개념이 잘 전달되어 주변 자연환경에 순응하는 친환경 설계가 실현되기를 바란다.

지상을 녹지화하는 개념스케치

Vision

개발배경

- 산과 바다가 어우러진 천혜의 자연환경
- 2012 여수엑스포 지원시설로서의 숙박, 레저, 상업시설
- 2012 5/12 ~ 8/12 약 800만명의 관광객이 예상

개발목표

- 집객요소를 갖춘 Contents
- 지역의 랜드마크가 될 Design
- 여수, 돌산에 대한 Story
- 개발이 여수시, 시민, 관광객에게 주는 Means

개발개념

- 볼거리 → Multiplex
- 느낄거리 → Culture Center
- 탈거리 → Waterpark
- 쉴거리 → Spa/Beauty
- 먹거리 → Sea food
- 살거리 → Outlet

⇒ 친환경 공간조성 + 자연과 어울리는 스카이라인

개발방향

- 환경친화적 단지 : 자연친화, 지형순응형
- 주변지역과 조화로운 계획 : 바다라는 천혜의 조건을 활용하고, 밖의 돌산공원과 연계된 계획으로 동선축 최대확보
- 지속가능한 단지 : 사업성을 고려한 지속가능한 테마 선정, 박람회 이후 운영을 고려한 아이템 선정

기대효과

- 지역적 차원 : 여수시를 상징하는 Landmark, 지역활성화를 위한 연계프로그램 도입
- 경제적 차원 : 엑스포 및 경도해양레저단지 개발에 따른 파급효과 기대 (800만 관광객 예상)
- 사회적 차원 : 문화+레저 복합타운 조성에 따른 관광활성화

유리한요소

- Linear type의 대지
- 경도해양레저단지의 민자사업 아이템과 중복요소 多

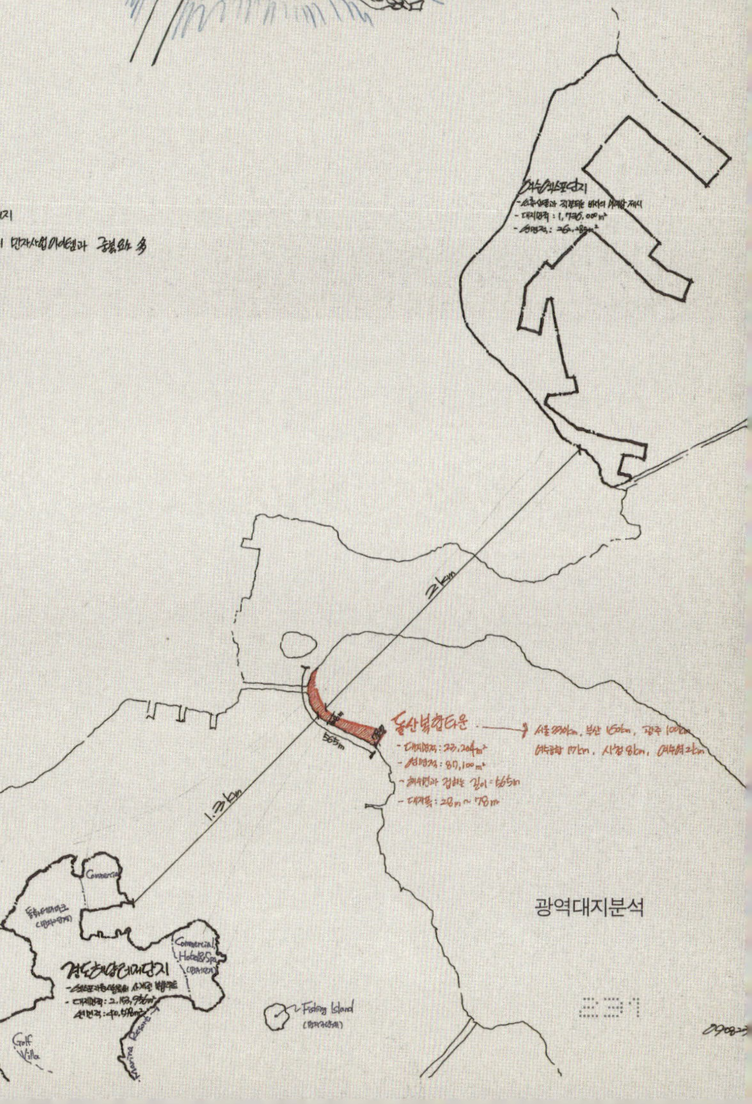

광역대지분석

대지를 바라본 야간 경관

하늘에서 바라본 대지전경

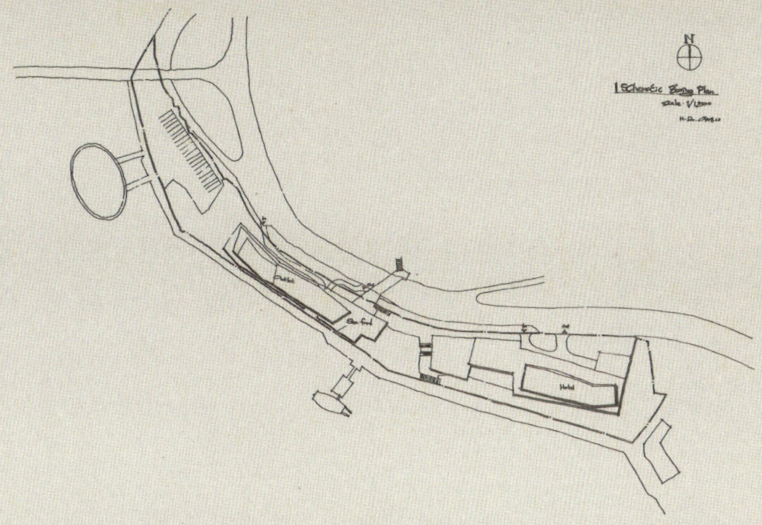

조닝개념1

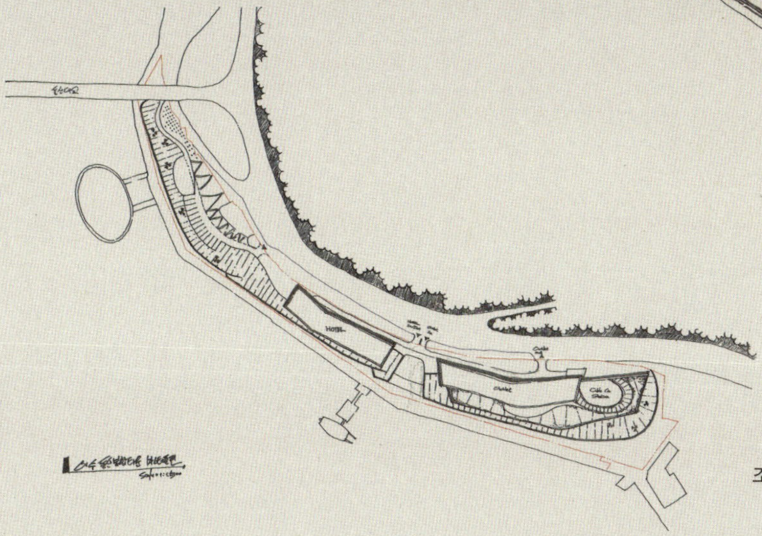

조닝개념2

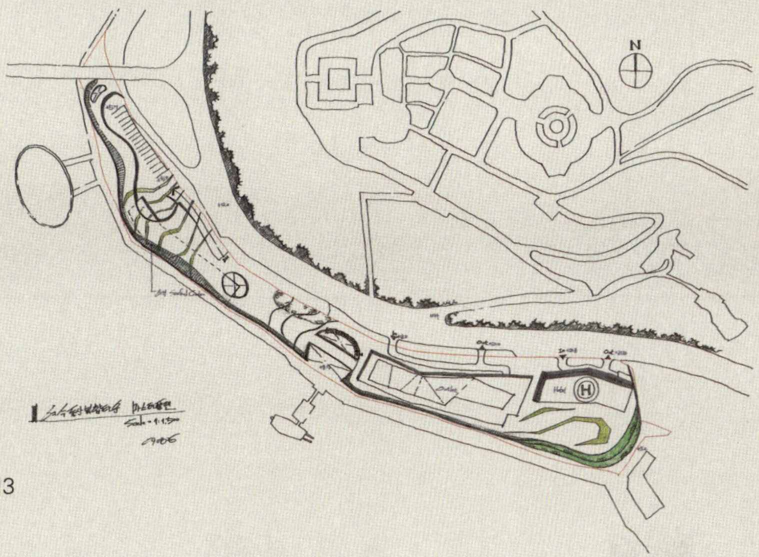

조닝개념3

epilogue

"건축이 좋아서 건축을 한다."

야근과 철야를 밥 먹듯이 하면서도 일을 계속하는 것은 그것을 좋아하고 재미있어 하기 때문이다. 건축설계라는 것이 크게 돈을 버는 일은 아니라서 그것에 대한 확신과 열정이 없다면 지속하기 어렵다. 이런 의미에서 건축은 확신과 열정을 만들어가는 과정이라 생각한다.

그 동안 필자가 설계사무소에서 맡아온 역할은 디자인과 관련된 내용이 많았다. 그 과정에서 유행을 따르기보다는 본질에 대해 고민하고, 추상적인 것보다는 구체적 개념을 만들어내는 것이 중요했다. 하지만 돌이켜보면 디자인을 진행하면서 개성적이고 탐미적인 형태를 만들고자 하는 욕망을 충족시켜온 것은 아닌가 반성해본다. 또한 앞으로는 건축물을 디자인함에 있어 이러한 욕망을 억제하면서 보다 깊이 있는 고민을 하려고 한다.

설계를 시작해서 건물이 지어지는 과정은 순조롭지만은 않다. 우리는 밤을 지새우며 수많은 고민을 하고 그것을 해결해가면서 디자인을 발전시킨다. 이 행복했던 시간이 지나고 나면 아이디어를 도면화하고 각종 인허가 절차를 위해 관공서를 드나들어야 하고 건축주의 요구에 따라 끊임없이 도면을 수정해야 하는 등 지극히 현실적인 작업을 진행해야 한다. 그럼에도 불구하고 하나의 프로젝트를 마치고 하나의 건축물이 탄생할 때마다 느끼게 되는 감동은 또 다시 디자인의 과정으로 우리의 발걸음을 이끌게 된다. 필자는 이러한 과정 모두가 건축가로 성장하는 과정의 밑거름이라고 믿는다.

건축물이 지어지기까지는 기획설계 → 계획설계 → 기본설계 → 실시설계 → 시공 및 감리의 단계가 필요하다. 책에서는 이 가운데 기획설계와 계획설계에 대해 다루고 있는데 이는 컨셉을 만들고 그것을 도면화하는 과정으로 요약되며 필자가 진행했던 프로세스는 다음과 같다.

1. 지침 및 건축주의 요구사항을 숙지한 후 시간Time, 비용Cost, 인력Manpower에 대한 사항을 점검
2. 프로젝트의 목적 및 방향에 대한 정립
3. 현장조사 전 지침에 의거하여 관련자료 분석 후 현장조사 수행
4. 현장조사 후 프로젝트의 진행과 관련한 문제점, 의문사항 등을 논리적으로 기술
5. 문제점, 의문사항에 대한 해결방안을 도출하고, 초기 컨셉 결정
6. 논리적 결과에 따른 컨셉을 일관되게 유지하며 배치-평면-매스스터디 진행
7. 매스에 대한 형태 결정요소들을 발전시키고 계획안 정리
8. 결과물에 대한 세부적인 업무 분배와 구체적 마감스케줄 작성
9. 계획안을 최종 검토 후 수정사항을 정리하여 작업 완료

이 책의 내용은 완벽하지 않음을 전제로 하였다. 신입사원부터 현재에 이르기까지 각 시기별로 기록해 두었던 내용을 근간으로 편집하였기에 디자인 및 자료의 출처를 명확하게 표기하기 위해 노력하였으나 혹시 언급되지 못한 부분이 있다면 부디 양해해 주시길 바란다. 또한 프로젝트별로 기록된 내용은 필자의 주관적 견해이며 필자의 출신이나 소속과 생각이 다를 수도 있음을 밝힌다.

책에 실린 내용들은 열정적인 동료들과 함께 했던 작업이라 더욱 가치가 있다. 그런 의미에서 보면 일하는 내내 든든한 버팀목이 되어주었던 성우예건축의 남정헌 회장님, 정낙중 사장님과 에코존건축의 이기완 대표님 그리고 팀을 이뤄 수많은 경쟁설계를 수행했던 동료, 선 · 후배들이 이 책의 공동저자일 것이다.

프로젝트를 진행하던 당시에는 힘들고 몸이 고단하기도 했지만 이렇게 좋은 사람들과 일하고 함께 했던 경험은 필자에게 큰 행운이었고 모두가 함께 느꼈을 기쁨이라고 생각한다. 아직도 당면한 문제를 해결하는 데 급급한 삶을 살아가고 있지만 예전보다 일을 더 즐길 수 있게 되었고, 그렇기 때문에 건축가라는 직업이 순수한 마음으로 우직하게 일생을 바쳐 일해 볼 만한 가치가 있다고 말하고 싶었다.

책을 읽고 추천의 글을 흔쾌히 적어준 멘토와 벗에게 다시 한 번 고맙다는 말을 전하고 싶다. 또한 인생의 활력소가 되어 준 공병호 박사, 책을 통해 잔잔한 감동을 준 정이현 작가, 음악에 대한 열정이 아름다운 사촌동생 수지와 민, 페이, 지아 멤버들. 자기 분야에 대한 확신과 열정을 키워가고 있는 이들은 필자에게 경제, 문학, 음악 등 분야를 초월하여 영감을 제공하고 있다.

마지막으로 감사하는 마음이 가득하지만 미처 언급하지 못한 많은 이들과 사랑하는 가족들 그리고 책의 취지에 동감하며 출판을 허락해주신 김호석 대표에게도 감사의 마음을 전하는 바이다.